新/编/少/儿/百/科/全/书

百大自然奇观

梁瑞彬◎编著

U0320201

吉林科学技术出版社

前言

大自然是一位慈母，哺育着世间万物；大自然是一幅画，把世间瑰丽的美景都装裱进它的画框；大自然是一首诗，它诉讼着历史，充实人们的心灵……

放眼望去，自然界的一切无不令人惊叹，潺潺的流水、气势汹涌的河水、时而喷射时而停歇的泉水、层峦叠嶂的山峰、一泻千里的瀑布、澄清透明的湖水、造型奇特的洞穴、风景如画的山水……

这些都是大自然的"杰作"，它如同一位能工巧匠，制造出了一件件杰出的艺术品，让人置身其中，仿佛进入了仙境，你不得不敬佩它的神奇和伟大，让我们去领略一下这位"大师"带给我们的惊奇吧！

火山奇观

8　世界最大的活火山——冒纳罗亚火山

10　世界第二大火山口——恩戈罗恩戈罗火山口

12　欧洲大陆唯一的活火山——维苏威火山

14　欧洲火山公园——奥弗涅火山区

16　世界上活动力旺盛的活火山——基拉韦厄火山

18　另类"月球"——哈莱阿卡拉火山口

20　美洲最年轻的火山——帕里库廷火山

22　震撼全球的火山——喀拉喀托火山

24　日本的象征——休眠的富士山

26　最高的死火山——阿空加瓜火山

28　最高的休眠火山——尤耶亚科火山

30　最大的活火山口——阿苏火山口

32　最长的火山熔岩流——拉基火山

峡谷奇观

34　地球最大的伤疤——东非大裂谷

36　地球上最为壮丽的景色之一——科罗拉多大峡谷

38　神的阅兵场——布赖斯峡谷

40　峡湾集聚地——挪威的峡湾

42 世界第八大奇观——米尔福德湾

44 世界上最深的峡谷——科尔卡峡谷和火山谷

46 西半球的最低点——死　谷

48 世界最深、最长的峡谷——雅鲁藏布大峡谷

49 天然立体画廊——长江三峡

瀑布和温泉奇观

50 世界壮观的瀑布——维多利亚瀑布

52 世界最高的瀑布——安赫尔瀑布

54 世界最宽的瀑布——伊瓜苏瀑布

56 雷神之水——尼亚加拉瀑布

58 地下的天然锅炉——斯特罗克尔间歇泉

59 世界上最著名的间歇泉——老忠实间歇泉

60 硫黄城——罗托鲁阿地热区

高山奇观

62 地球之巅——珠穆朗玛峰

64 山中之王——马特峰

66 垂涎欲滴的名字——巧克力山丘

67 白雪覆顶的山峰——帕伊内角峰

68 地球上最纯粹的垂直岩壁——罗赖马山

70 大角斑羚之地——安菲西厄特悬崖

71 杂乱的大蜂巢——本格尔·本格尔斯山地

72 巨型的管风琴——阿哈加尔山脉

73 月亮山——鲁文佐里山脉

极地奇观

74 冰之天堂——罗斯·格拉希亚雷斯冰川

75 世界上最大的冰架——罗斯冰架

76 像火星——南极洲干谷

78 光的舞蹈——极 光

洞穴奇观

80 世界上最大的洞穴系统——马默斯和弗林特·里奇洞穴

81 冰魁世界——艾斯里森维尔特洞穴

82 全球最美的洞穴之一——姆鲁山国家公园的洞穴

84 萤火虫洞——怀托摩溶洞

86 深邃的蓝眼睛——大蓝洞

荒漠奇观

88 世界上面积最大的沙漠——撒哈拉沙漠

90 流沙面积最大的沙漠——塔克拉玛干沙漠

92　世界上最古老的沙漠——纳米布沙漠

94　火星在地球上的投影——阿塔卡马沙漠

96　彩绘沙漠——佩恩蒂德沙漠

97　沙声悦耳——会"唱歌"的沙丘

98　真正的不毛之地——巴德兰兹劣地景观

岩石奇观

100　锋利的割刀——钦吉岩地

101　千年不倒——马托波山的平衡岩

102　巨人之路——巨人岬

104　最大石化森林集中地——石化林

105　天空之城——梅特奥拉石林

106　阿诗玛的故乡——路南石林

108　山水甲天下——桂林山水

110　泰国的"小桂林"——攀牙湾

112　类月地貌——卡帕多西亚石窟群

114　魔鬼的花园——彩虹桥石拱门

116　会变脸的巨石——艾尔斯巨石

118　凝固的波浪——波浪岩

120　墨西哥草帽石——莫纽门特谷地

122　会移动的断层——圣安德烈斯断层

沼泽和湖泊奇观

124 世界上最大的沼泽地——苏德沼泽

126 被草覆盖的河——佛罗里达大沼泽地

128 野性的泽国——潘特纳尔湿地

130 世界上最深、最古老的淡水湖——贝加尔湖

132 美洲豹的山崖——的的喀喀湖

134 沥青湖——彼奇湖

135 石油湖——马拉开波湖

136 高热的苏打湖——纳特龙湖

137 粉红色的梦——赫利尔湖

138 最低最咸的湖——死　海

140 时隐时现的湖——艾尔湖

142 最大的盐沼——乌尤尼盐沼

其他

144 世界上最大的热带雨林——亚马孙雨林

146 最美的内陆三角洲——奥卡万戈三角洲

148 世界最长的河流——尼罗河

150 神秘之眼——撒哈拉之眼

151 燃烧的瀑布——火瀑布

世界最大的活火山
冒纳罗亚火山

冒纳罗亚火山是夏威夷岛上的一个活跃盾状火山，也是形成夏威夷岛的"五大火山"之一。虽然它的峰顶比相邻的冒纳凯亚火山要低36米，但夏威夷人仍然把它命名为"Mauna Loa"，意为"长山"。

⬆ 从冒纳罗亚火山喷发出的熔岩流动性非常高，这导致该火山的坡度十分小。

⬆ 冒纳罗亚火山上的花朵

地理位置

冒纳罗亚火山位于夏威夷群岛的中部，海拔4 170米，从海底算起高9 300多米，是世界上从结构体底部到顶部的最高峰。山顶常有白云缭绕，忽隐忽现。

直 径	120米
口 宽	103米
深 度	183米
海拔高度	4 170米
所在国家	美国

⬇ 冒纳罗亚山海拔4 170米，是夏威夷的最高峰，世界最高的天文台，就设在此山的顶峰。

伟大的建筑师

冒纳罗亚火山在过去的200年间，约喷发过35次，至今山顶上还留有好几个锅状火山口和宽达2 700米的大型火山口。不断倾泻的大量熔岩，使该火山逐渐变大，人们称这些熔岩为"伟大的建筑师"。

⬆ 冒纳罗亚火山的火山口

⬆ 山顶的大火山口叫"莫卡维奥维奥"，意思为"火烧岛"。

壮观的景象

1959年11月，冒纳罗亚火山爆发时，沸腾的熔岩冒着气泡从一个长达1 000米的缺口处喷射出来，持续时间达一个月之久，岩浆喷出的最高高度超过了纽约的帝国大厦，景象十分壮观！

命运的改变

冒纳罗亚火山喷发了至少70万年，约在40万年前露出海平面。随着太平洋板块的缓慢漂移，冒纳罗亚火山最终会被带离热点（地球内部热对流作用中造成局部热量聚集的地方，容易形成岩石的部分融熔而产生岩浆，再向上穿过地壳形成火山），预计将在50万年到100万年后停止喷发。

世界第二大火山口
恩戈罗恩戈罗火山口

在坦桑尼亚的北部，有一座250万年高龄的休眠火山，名字叫恩戈罗恩戈罗。它的火山口就像是一个巨大无比的石碗，直径大约有18千米，深达610米，是世界第二大火山口，有"非洲的伊甸园"之称。

⬆ 火山口的中央有一个小湖，周围散布着一片片的丛林和草地。

死火山

高达2 135米的恩戈罗恩戈罗火山是一座死火山，最近一次爆发距今大约有25万年。它远远看去就像镶嵌在东非大裂谷带上的一只"大盆"，堪称大自然的鬼斧神工之作。

⬆ 恩戈罗恩戈罗火山是恩戈罗恩戈罗国家公园的中心，外形与"月球火山口"极为相似。

高度	2 135米
直径	18千米
口宽	20千米
深度	610米
底部面积	310平方千米
所在国家	坦桑尼亚

独立的生态系统

恩戈罗恩戈罗火山口方圆100多平方千米的地方有草原、森林、丘陵、湖泊、沼泽等各种生态地貌，不断吸引着火山口外的动物来此定居，因此形成了一个独立的生态系统。

⬆ 穿着"海魂衫"的斑马喜欢躲在草丛里；孤独的犀牛喜欢独处。

动物的乐园

坐落在火山口地区的恩戈罗恩戈罗国家公园是非洲最重要的野生动物保护区之一。这里生活着约3万头动物，如斑马、瞪羚、大角斑羚、豹、豺、角马、黑犀牛等。

和谐的场面

在动物园附近，生活着马赛族的牧民。他们的牛群和野生动物在园内能和睦相处，互不干扰，建立起了互相"信任"的关系，形成了一幅和谐的美好画面。

⬆ 这里有许多泉水和一个蓝色的大咸水湖。它们即使在最炎热的时候也不会完全干涸。

欧洲大陆唯一的活火山

维苏威火山

维苏威火山是欧洲唯一一座活火山，位于意大利南部的那不勒斯湾东海岸。它高达1 280米，在公元79年的一次猛烈喷发中，摧毁了当时拥有2万多人的庞贝城，以及赫库兰尼姆与斯塔比亚等城。

⬆ 从高空俯瞰维苏威火山的全貌，那是一个漂亮的近圆形的火山口。

海 拔	1 280米
直 径	600米
深 度	300米
所在国家	意大利

➡ 上世纪的几次喷发是在1906、1929、1944年，每次大喷发后它的高度都会有很大的变化。

形成的原因

维苏威火山是2.5万年前非洲板块和欧亚板块相互碰撞形成的。它在历史上喷发过很多次，最近的一次喷发发生在1944年，是欧洲大陆唯一一座在近一百年内喷发过的火山。

土地肥沃

在维苏威火山地区及山坡低处居住着200万人口，那里有着肥沃的土地，非常适合种植葡萄，因此在山麓北部形成了小型的农业中心，有一种叫"基督眼泪酒"的葡萄就盛产于此。

⬆ 火山口深100多米，由黄、红褐色的固结熔岩和火山渣组成。

⬆ 从庞贝古城挖掘出来的"石化人"虽然已面目全非，但样子却栩栩如生，保持着死时的姿势。

火山观测站

位于火山附近的维苏威火山观测站建于1845年，是世界上最早建立的火山观测站。除了很多现代化设施外，里面还陈设着各种形状的火山弹、火山灰、"石化人"等，供人们参观。

废墟中的文明

庞贝古城现在是意大利著名的旅游胜地，它是18世纪中叶考古学家从维苏威火山爆发时堆积的数米厚的火山灰中发掘出来的。幸运的是，这种古老的建筑和姿态各异的尸体都保存完好。

⬆ 庞贝古城出土的壁画

⬇ 庞贝古城遗址

<ruby>欧<rt>ōu</rt></ruby><ruby>洲<rt>zhōu</rt></ruby><ruby>火<rt>huǒ</rt></ruby><ruby>山<rt>shān</rt></ruby><ruby>公<rt>gōng</rt></ruby><ruby>园<rt>yuán</rt></ruby>

<ruby>奥<rt>ào</rt></ruby><ruby>弗<rt>fú</rt></ruby><ruby>涅<rt>niè</rt></ruby><ruby>火<rt>huǒ</rt></ruby><ruby>山<rt>shān</rt></ruby><ruby>区<rt>qū</rt></ruby>

<ruby>奥<rt>ào</rt></ruby><ruby>弗<rt>fú</rt></ruby><ruby>涅<rt>niè</rt></ruby><ruby>火<rt>huǒ</rt></ruby><ruby>山<rt>shān</rt></ruby><ruby>位<rt>wèi</rt></ruby><ruby>于<rt>yú</rt></ruby><ruby>法<rt>fǎ</rt></ruby><ruby>国<rt>guó</rt></ruby><ruby>中<rt>zhōng</rt></ruby><ruby>部<rt>bù</rt></ruby><ruby>城<rt>chéng</rt></ruby><ruby>市<rt>shì</rt></ruby><ruby>克<rt>kè</rt></ruby><ruby>勒<rt>lè</rt></ruby><ruby>蒙<rt>méng</rt></ruby><ruby>菲<rt>fēi</rt></ruby><ruby>朗<rt>lǎng</rt></ruby><ruby>城<rt>chéng</rt></ruby><ruby>的<rt>de</rt></ruby><ruby>西<rt>xī</rt></ruby><ruby>面<rt>miàn</rt></ruby>，<ruby>由<rt>yóu</rt></ruby>90<ruby>多<rt>duō</rt></ruby><ruby>个<rt>gè</rt></ruby><ruby>规<rt>guī</rt></ruby><ruby>模<rt>mó</rt></ruby><ruby>不<rt>bù</rt></ruby><ruby>等<rt>děng</rt></ruby><ruby>的<rt>de</rt></ruby><ruby>火<rt>huǒ</rt></ruby><ruby>山<rt>shān</rt></ruby><ruby>锥<rt>zhuī</rt></ruby><ruby>组<rt>zǔ</rt></ruby><ruby>成<rt>chéng</rt></ruby>，<ruby>整<rt>zhěng</rt></ruby><ruby>个<rt>gè</rt></ruby><ruby>火<rt>huǒ</rt></ruby><ruby>山<rt>shān</rt></ruby><ruby>群<rt>qún</rt></ruby><ruby>形<rt>xíng</rt></ruby><ruby>态<rt>tài</rt></ruby><ruby>各<rt>gè</rt></ruby><ruby>异<rt>yì</rt></ruby>，<ruby>多<rt>duō</rt></ruby><ruby>姿<rt>zī</rt></ruby><ruby>多<rt>duō</rt></ruby><ruby>彩<rt>cǎi</rt></ruby>。<ruby>如<rt>rú</rt></ruby><ruby>今<rt>jīn</rt></ruby><ruby>它<rt>tā</rt></ruby><ruby>已<rt>yǐ</rt></ruby><ruby>被<rt>bèi</rt></ruby><ruby>开<rt>kāi</rt></ruby><ruby>辟<rt>pì</rt></ruby><ruby>成<rt>chéng</rt></ruby>"<ruby>欧<rt>ōu</rt></ruby><ruby>洲<rt>zhōu</rt></ruby><ruby>火<rt>huǒ</rt></ruby><ruby>山<rt>shān</rt></ruby><ruby>公<rt>gōng</rt></ruby><ruby>园<rt>yuán</rt></ruby>"，<ruby>吸<rt>xī</rt></ruby><ruby>引<rt>yǐn</rt></ruby><ruby>着<rt>zhe</rt></ruby><ruby>全<rt>quán</rt></ruby><ruby>世<rt>shì</rt></ruby><ruby>界<rt>jiè</rt></ruby><ruby>的<rt>de</rt></ruby><ruby>游<rt>yóu</rt></ruby><ruby>客<rt>kè</rt></ruby><ruby>前<rt>qián</rt></ruby><ruby>来<rt>lái</rt></ruby><ruby>观<rt>guān</rt></ruby><ruby>赏<rt>shǎng</rt></ruby>。

↑ 奥弗涅的风光是具有38万年历史的火山活动造成的结果。

<ruby>形<rt>xíng</rt></ruby><ruby>态<rt>tài</rt></ruby><ruby>万<rt>wàn</rt></ruby><ruby>千<rt>qiān</rt></ruby>

<ruby>整<rt>zhěng</rt></ruby><ruby>个<rt>gè</rt></ruby><ruby>奥<rt>ào</rt></ruby><ruby>弗<rt>fú</rt></ruby><ruby>涅<rt>niè</rt></ruby><ruby>火<rt>huǒ</rt></ruby><ruby>山<rt>shān</rt></ruby><ruby>散<rt>sàn</rt></ruby><ruby>布<rt>bù</rt></ruby><ruby>在<rt>zài</rt></ruby><ruby>一<rt>yī</rt></ruby><ruby>个<rt>gè</rt></ruby><ruby>南<rt>nán</rt></ruby><ruby>北<rt>běi</rt></ruby><ruby>长<rt>cháng</rt></ruby>70<ruby>千<rt>qiān</rt></ruby><ruby>米<rt>mǐ</rt></ruby>，<ruby>东<rt>dōng</rt></ruby><ruby>西<rt>xī</rt></ruby><ruby>宽<rt>kuān</rt></ruby>20<ruby>千<rt>qiān</rt></ruby><ruby>米<rt>mǐ</rt></ruby><ruby>的<rt>de</rt></ruby><ruby>矩<rt>jǔ</rt></ruby><ruby>形<rt>xíng</rt></ruby><ruby>地<rt>dì</rt></ruby><ruby>带<rt>dài</rt></ruby><ruby>上<rt>shàng</rt></ruby>。<ruby>群<rt>qún</rt></ruby><ruby>山<rt>shān</rt></ruby><ruby>形<rt>xíng</rt></ruby><ruby>态<rt>tài</rt></ruby><ruby>千<rt>qiān</rt></ruby><ruby>奇<rt>qí</rt></ruby><ruby>百<rt>bǎi</rt></ruby><ruby>怪<rt>guài</rt></ruby>，<ruby>有<rt>yǒu</rt></ruby><ruby>的<rt>de</rt></ruby><ruby>像<rt>xiàng</rt></ruby><ruby>奔<rt>bēn</rt></ruby><ruby>跑<rt>pǎo</rt></ruby><ruby>的<rt>de</rt></ruby><ruby>大<rt>dà</rt></ruby><ruby>象<rt>xiàng</rt></ruby>，<ruby>有<rt>yǒu</rt></ruby><ruby>的<rt>de</rt></ruby><ruby>像<rt>xiàng</rt></ruby><ruby>冲<rt>chōng</rt></ruby><ruby>天<rt>tiān</rt></ruby><ruby>的<rt>de</rt></ruby><ruby>玉<rt>yù</rt></ruby><ruby>柱<rt>zhù</rt></ruby>，<ruby>有<rt>yǒu</rt></ruby><ruby>的<rt>de</rt></ruby><ruby>像<rt>xiàng</rt></ruby><ruby>含<rt>hán</rt></ruby><ruby>情<rt>qíng</rt></ruby><ruby>脉<rt>mò</rt></ruby><ruby>脉<rt>mò</rt></ruby><ruby>的<rt>de</rt></ruby><ruby>少<rt>shào</rt></ruby><ruby>女<rt>nǚ</rt></ruby>……<ruby>让<rt>ràng</rt></ruby><ruby>人<rt>rén</rt></ruby><ruby>浮<rt>fú</rt></ruby><ruby>想<rt>xiǎng</rt></ruby><ruby>联<rt>lián</rt></ruby><ruby>翩<rt>piān</rt></ruby>。

↑ 游览奥弗涅火山群，人们可以领略到大自然给予人类的奇异的魅力。

直　径	70千米
宽　度	20千米
平均海拔	1 000米
所在国家	法国

叠状复合火山

叠状复合火山是奥弗涅火山群中最特殊的一种类型。这种火山是经过多次喷发而形成的，喷出的熔浆先在火山口形成圆形堤坝，当熔岩集聚过多，便会破堤而出再次喷发，最后形成"三代同堂"的雄奇壮观。

⬆ 奥弗涅火山的叠状复合火山

⬆ 美丽的巴万湖鸟瞰图

巴万湖

位于多姆山脉南边的巴万湖，是由火山口聚集的熔浆和地表水形成的。该湖直径750米，深92米，湖上风景优美，碧波荡漾，微风吹来，犹如一面轻纱在水面漂动，别有一番情趣。

多姆山脉

多姆山是奥弗涅火山群中规模最大、最独具风格的火山锥。这里集中了70多个火山锥，绵延30多千米，就像一颗灿烂的明珠嵌在火山群中央地带，登上山顶可以观看山区全景。

⬅ 多姆山顶上电视塔巍然耸立，塔尖犹如一把利剑直指云霄。

世界上活动力旺盛的活火山

基拉韦厄火山

基拉韦厄火山是世界上活动力非常旺盛的火山，几乎每天都有数十万立方米的岩浆从岛上的火山口内喷发而出，有时向上喷射形如喷泉，有时向外溢出形如瀑布，当地土著人称它为"哈里摩摩"，意为"永恒火焰之家"。

⬆ 火山喷出的火红岩浆滚滚涌向海边，好似一条岩浆火龙。

来自夏威夷

基拉韦厄火山位于美国夏威夷岛东南部，夏威夷岛本来就处在太平洋构造板块中部的"活跃区"，它由5座火山组成，其中最年轻、最活跃的基拉维厄火山就是它的组成部分之一。

⬆ 夏威夷岛

直 径	4 027米
深 度	130米
海拔高度	1 222米
底部面积	10万平方米
所在国家	美国

沸腾的"锅"

整个火山口好像是一个"大锅","大锅"中又套着许多"小锅"。这个"大锅"里藏有一个世上最大的岩浆湖,面积广达10万平方米。通红炽热的岩浆在湖中翻滚,仿佛炉中沸腾的钢水。

⬆ 基拉韦厄火山的绳状熔岩是自然界的一大奇观。

⬆ 基拉韦厄火山流动的熔岩

破坏力极强

基拉韦厄火山也是破坏力最强的火山之一。它的熔岩温度可高达1 500℃以上,足以熔化岩石,当它喷发时熔岩所经之处的树木、野生动物、建筑物都会被彻底毁灭。

魅力无限

当火山喷发时,人们避之唯恐不及,但令人意外的是,基拉韦厄火山却仿佛具有了一种魔力,吸引来了大批游人,因为在这里人们可以亲眼看到翻腾流淌的熔岩奇观。

⬆ 山顶有一个巨大的火山口,直径4 027米,深130余米,其中包含许多火山口。

17

另类"月球"

哈莱阿卡拉火山口

它虽然没有黄石公园中的火山那么有名，也没有《2012》电影中那牵动世界万变的"魔力"，但却是大自然赐给北美洲的一块"圣地"，这就是位于夏威夷毛伊岛上的哈莱阿卡拉火山口。

如果你有幸一睹它的风采，你一定会被它浑然天成的自然魅力所吸引。

周长	34千米
深度	800米
海拔高度	3 055米
所在国家	美国

形成的原因

哈莱阿卡拉火山口是许多次火山喷发和成千上万次的风、雨、流水侵蚀作用后的产物。在这些作用下它慢慢被加宽和夷平，才达到现在的巨大规模。

哈莱阿卡拉火山最后一次喷发发生在1790年，所以它是休眠火山，但很有可能再度喷发。

世界之最

哈莱阿卡拉火山口的周长为34千米，大到足以容纳整个纽约曼哈顿岛；深度为800米，再加上3 055米的海拔高度，使其成为世界上最大的休眠火山。

⬆ 哈莱阿卡拉火山的火山口内只生长着少量而稀有的一些植物，如银剑树。

⬆ 哈莱阿卡拉火山口日落

历史的见证者

每天，太阳都会从哈莱阿卡拉火山处升起，它经历了这里90万年的自然变迁。因此，对于夏威夷人来说，哈莱阿卡拉火山不仅仅是一座火山，更是"历史的见证者"。

另类"模样"

火山口内部有火山喷发后留下的数以百计的岩石，有高达300米的火山渣锥体、火山灰层和火山"弹"，或者小如手榴弹、大如小汽车的熔岩块，颇像月球的地貌，因此被人们戏称为另类"月球"。

⬆ 哈莱阿卡拉火山口在深度、宽度上皆堪称巨大，加上独特的景致，魅力四射

美洲最年轻的火山
měi zhōu zuì nián qīng de huǒ shān

帕里库廷火山
pà lǐ kù tíng huǒ shān

在距离墨西哥城以西约320千米的地方有一座火山，因附近的帕里库廷村而得名"帕里库廷火山"。它不仅是美洲最年轻的火山，也是世界上年轻的火山之一，被称为"地球上七大自然奇迹"之一。

↑ 帕里库廷火山喷发时的情景。

↑ 在帕里库廷火山东南这一地区大约有1 400个火山口，火山活动相当频繁。

突发的喷射
tū fā de pēn shè

在1943年以前，帕里库廷火山还并不存在。它是在1943年2月20日突然喷发的。当时帕里库廷村中出现一个大洞，并涌出岩浆、火山灰，24小时之内就形成了50米高的火山锥，一个星期内就达到了100米。

高度	457千米
海拔高度	3 170米
喷射年份	1943年
终止年份	1952年
所在国家	墨西哥

十年"活动期"

帕里库廷火山整整活动了10年，到1952年终于"休眠"，最后高度达到457米。在这期间它总共喷出10亿吨熔岩，冷却的岩浆因地形的不同形成厚度在2米到35米之间的火山岩层。

⬆ 如今，帕里库廷火山已经成为墨西哥画坛流行一时的创作题材，每年都会吸引众多游客前来游览。

历史罕见

帕里库廷火山最独特的是从始到终喷发的全过程一直被人们观察着，却没有造成人员伤亡，只有3个人死于火山造成的雷雨电击。这种目击新火山形成的事件在历史上非常罕见。

无穷的魅力

帕里库廷火山的形状酷似一个"金元宝"，它喷发时的景象非常壮观，有时喷出的烟气高达5 000多米，火山灰甚至飘散到400千米外的首都墨西哥城。如今它已成为墨西哥最具魅力和最令人激动的自然景观。

震撼全球的火山
zhèn hàn quán qiú de huǒ shān

喀拉喀托火山
kā lā kā tuō huǒ shān

印度尼西亚的喀拉喀托火山虽然不是很大，但活动力极强，1883年的大爆发可谓震撼全球，其强大的爆炸力，据专家估计相当于投掷在日本广岛的原子弹的100万倍。有人形容这次大爆发是"声震一万里，灰撒三大洋"。

火山爆发时强烈的气流甚至摧毁了1 300千米以外位于马来半岛吉兰丹与丁加奴两州的部分森林。

 喷发强度
pēn fā qiáng dù

喀拉喀托火山是一座活火山，在历史上持续不断地喷发，最著名的一次是1883年等级为VEI-6的大爆发，释放出250亿立方米的物质，是人类历史上最大的火山喷发之一。

喀拉喀托火山位于印度尼西亚的爪哇岛和苏门答腊岛之间的巽他海峡。

火山锥	1 800米
海拔高度	813米
水上面积	10.5平方千米
所在国家	印度尼西亚

声震四方

喀拉喀托火山爆发产生的轰鸣声，使远在3 000千米以外的澳大利亚也听到了。不仅如此，还使岛上原有的45平方千米的土地，约2/3陷落到了水下。

↑ 喀拉喀托火山至今还在冒着滚滚浓烟

地震和海啸

喀拉喀托火山的爆发还引起了强烈的地震和海啸，海啸激起的狂浪高达20~40米，超过10层楼高，致使海水侵入爪哇和苏门答腊岛的内地，摧毁了295个村镇，夺去了无数人的生命。

弥漫的火山灰

火山喷发时喷出的火山灰直达80多千米的高空，长时间飘荡全球，使此后整整一年在地平线上的日照呈现奇妙的红晖；岛群上的生物也被埋在厚厚的火山灰层之下，动植物在5年之后才恢复生机。

↑ 多年以后，喀拉喀托火山周围的海面上又形成3个新火山锥，并逐渐合成一座岛。

日本的象征

休眠的富士山

富士山意为"火之山"或"火神"，它呈优美的圆锥形，不仅是日本的第一高峰，也是世界上最大的活火山之一。虽然目前处于休眠状态，但地质学家仍然把它列入活火山之列。

⬆ 富士山的南麓是一片辽阔的高原地带，绿草如茵，为牛羊成群的观光牧场。

享誉全球

富士山作为日本的象征之一，在全球享有盛誉。它也经常被称作"芙蓉峰"或"富岳"以及"不二的高岭"。自古以来，这座山的名字就经常在日本的传统诗歌《和歌》中出现。

⬆ 从形状上来说，富士山属于标准的锥状火山，具有独特的优美轮廓。

⬇ 富士山也是日本的象征

直　径	800米
深　度	200米
海拔高度	3 775米
最近喷发	1707年
所在国家	日本

层状火山

富士山的形成距今已有一万年了，它的山体呈圆锥状，是典型的层状火山，是由地壳变动后与本州岛激烈互撞挤压时所隆起形成的山脉，至今共喷发了18次。

⬆ 天气晴朗时，在山顶看日出、观云海是世界各国游客来日本必不可少的游览项目。

⬆ 山顶上有大小两个火山口，大火山口，直径约800米、深200米。

游览胜地

富士山是日本的游览胜地，从空中鸟瞰，它就像一朵盛开的莲花般美丽。山上有植物2 000余种，垂直分布明显，山顶终年积雪，湖光山色，风景优美，还有各种公园、科学馆、博物馆和游乐场所。

罕见的奇观

由于火山的喷发，富士山在山麓处形成了无数山洞，有的山洞至今仍有喷气现象。最美的富岳风穴内的洞壁上结满了钟乳石似的冰柱，终年不化，被视为罕见的奇观。

⬆ 富士山的冰洞

最高的死火山

阿空加瓜火山

位于阿根廷境内的阿空加瓜火山高达6 959米，不仅是南美洲最高峰，也是西、南半球最高峰，有"美洲巨人"之称。它坐落于安第斯山脉北部，峰顶在阿根廷西北部门多萨省境内，但其西翼延伸到了智利圣地亚哥以北海岸低地。

"阿空加瓜"在瓦皮族语中是"巨人瞭望台"的意思。

形成原因

阿空加瓜

阿空加瓜火山是一座死火山，它是由第三纪沉积岩层褶皱抬升而形成的，同时也伴随着岩浆侵入和火山作用，主要成分为火山岩。火山顶部堆积着厚厚的岩层，但较为平坦。

↓ 阿空加瓜火山是由安第斯山脉的造山运动形成的。

海拔高度	6 959米
所在国家	阿根廷

挑战者的"舞台"

1883年，德国探险家保罗·古斯费特曾首次带领探险队向阿空加瓜山顶峰进发，但最后无功而返。1897年，英国人爱德华·费兹杰罗成功登上阿空加瓜的顶峰，成为第一个登上阿空加瓜顶峰的人。此后，无数登山爱好者向阿空加瓜山挑战，每年有约3 000人攀登，试图征服这座"巨人"。

⬆ 保罗·古斯费特像

⬆ 阿空加瓜火山深受登山爱好者的喜爱。

旅游胜地

阿空加瓜火山的山顶西侧因为降水较少，所以没有终年积雪。山麓有很多温泉，设有很多疗养院，大家在观赏自然奇观的同时，也可以来放松一番。

冰川奇景

阿空加瓜火山的东、西两侧有冰川奇景，雪线高4 500米，冰雪厚达90米左右。其中，菲茨杰拉德冰川长达11.2千米，终止于奥尔科内斯河，然后泻入门多萨河。

⬆ 阿空加瓜火山上的冰川奇观

最高的休眠火山

尤耶亚科火山

南美洲的尤耶亚科火山最高峰海拔6 723米，不仅是世界上最高的活火山，也是世界上最高的休眠火山。它位于智利北部同阿根廷接壤的边界以西安第斯山中段，山顶终年积雪，景象壮观。

⬆ 山顶皑皑的白雪给人一种神秘莫测的感觉。

海拔高度	6 723米
所在国家	阿根廷

▲▲ 层状火山

尤耶亚科火山是一座层状火山，它是由稠密的熔岩流以及火山灰和岩石碎片等喷发物所形成的连续层堆积而成的，整体呈锥形，位于一个更老的层状火山之上。

⬇ 在尤耶亚科火山顶可眺望到阿根廷西部广阔且荒凉的安第斯山脉。

休眠状态

在1550年以前，人类就登上了尤耶亚科火山这座世界奇峰。据记载，它共有三次喷发活动，最近一次喷发是在1877年。此后100多年来，这座火山一直处于休眠状态，迄今没有再活动。

⬆ 尤耶亚科火山山顶

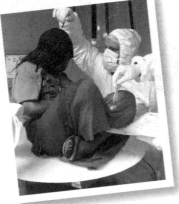

⬆ 尤耶亚科火山出土的印加少女木乃伊。

最高的考古点

1998年，在尤耶亚科火山6 700米高峰处发掘出了印加遗址。在该遗址中出土了有500多年历史的器物和三个保存完整的陪葬孩童干尸，因此该火山成为了世界最高的考古点。

美丽的熔岩地貌

尤耶亚科火山上有非常有趣的熔岩流地貌。它是黏滞的稠密熔岩流经陡峭的地表时慢慢地向下流动形成的，上层冷却，下层继续向前流动，形似手风琴，非常漂亮。

最大的活火山口

阿苏火山口

日本是一个多火山的国家，世界的800座活火山中有80多座集中在日本，其中阿苏火山的火山口周长达4千米，是全世界最大的活火山口。如今它已经成为日本最热门的旅游景点。

🔼 火山喷发

🔼 除阿苏国立公园外，还有阿苏、地狱、垂玉等许多温泉，其中阿苏温泉是最多游客莅临的温泉乡。

外形特点

阿苏山呈椭圆形，南北长24千米，东西宽18千米，面积250平方千米。在大火山口内有10余个喷火口，形成中央火口丘群。火山口外的外轮山，海拔1 000米，内侧多悬崖峭壁，熔岩裸露；外侧地势较缓。

复式火山

阿苏火山位于九州中央，横跨熊本县和大分县，是一个典型的复式火山，由高岳、中岳、杵岛岳、乌帽子岳、岳根子岳五座火山所组成，合称"五岳"，其中中岳现在仍然有频繁的火山活动。

⬆ 参观冒着白烟的阿苏火山不仅可以欣赏火山的雄姿，还能观赏难得一见的火口湖。

⬆ 晴空万里之下远远望去火山锥矗立在草原上柱状的火山烟气直逼云霄，相当壮观。

景色优美

登上外轮山北侧的大观峰可以眺望阿苏山全景。大火山口内多温泉、瀑布，风光绮丽。山外有绵延辽阔的草原，夏日可以观赏牛马在草原湖泊间悠闲吃草的美景，冬季则可在此滑雪、溜冰。

苏醒之后

阿苏火山在1793年曾经大爆发，当时造成上千人死亡。直到2004年1月14日它再次"苏醒"，喷出泥沙和白色浓烟高达800米，幸好当时无人伤亡。

直　径	24千米
口　宽	18千米
周　长	4千米
面　积	250平方千米
海拔高度	1 592米
所在国家	日本

最长的火山熔岩流

拉基火山

拉基火山是冰岛南部的一座火山，紧靠冰岛最大的冰原——瓦特纳冰原西南端。因为它是火山裂缝喷发过程中形成的唯一具有显著地形特征的火山，因此又被称为"拉基环形山"。

拉基火山是位于北欧国家冰岛的一个火山及火山裂缝。

拉基火山的冷却后的岩浆

相连的裂缝

拉基火山实际上是火山裂缝喷发的产物，裂缝呈东北—西南走向，被拉基火山截为接近相等的两部分，但并未完全绽开。在山坡上的裂缝之间只有极少量的岩浆从中流出。

令人感到奇特的是在瓦特纳冰川地区还分布着熔岩、火山口和热湖，冰岛也因此被人们称为"冰与火之地"。

海拔高度	818米
所在国家	冰岛

▲ 火山爆发后形成的瀑布

两次喷发

拉基火山海拔818米，高出附近地带200米。曾经在934年和1783年发生过两次大规模喷发，在934年的喷发中，拉基火山喷出了多达19.6千米的玄武岩熔岩。

史无前例

拉基火山在1783年的爆发，历时四个月，被认为是有史以来地球上最大的熔岩喷发。休眠中的拉基火山突然复活，一股股火山灰喷向空中，喷出的熔岩形成了32千米宽的熔岩流，覆盖面积达565平方千米。

▲ 火山释放出的大量硫黄气体妨碍了冰岛的作物和草木生长，造成大部分家畜死亡。

⬇ 1783年的喷发导致20%~25%的冰岛人因饥荒和中毒而死亡，对欧洲和北美洲都产生了很大的影响。

地球最大的伤疤
dì qiú zuì dà de shāng bā

东非大裂谷
dōng fēi dà liè gǔ

东非大裂谷又称"东非大峡谷",是世界大陆上最大的断裂带,长度相当于地球周长的1/6。由于气势宏伟,景色壮观,有人形象地称其为"地球表皮上的一条大伤痕",古往今来不知迷住了多少人。

🔼 东非大裂谷局部

长　度	6 400千米
宽　度	48~65千米
海拔高度	5 199米
形成年代	3 000万年前
地理位置	非洲东部

🚩 高山林立
gāo shān lín lì

东非裂谷带两侧的高原上分布有众多的火山,非洲的几座海拔在4 500米以上的高峰,全部分布在这个自然区内,著名的乞力马扎罗山、肯尼亚山、埃尔贡山等都位于其列。

🔼 有"非洲屋脊"之称的乞力马扎罗山耸立在东非大裂谷以南160千米处,山顶终年覆盖白雪,山脚下的草原上,栖息着无数的动物。

形成原因

东非大裂谷南起赞比西河口一带，向北经希雷河谷至马拉维湖，北部分为东西两支。它是3 000万年以前由于强烈的地壳断裂运动，使得同阿拉伯古陆块相分离的大陆漂移运动而形成的。

↑ 东非大裂谷的卫星图片

"东非十字架"

在肯尼亚境内，裂谷的轮廓非常清晰，它纵贯南北，将这个国家劈为两半，恰好与横穿全国的赤道相交叉，因此得了一个十分有趣的称号"东非十字架"。裂谷两侧，断壁悬崖，山峦起伏，犹如高耸的两堵墙。

↑ 肯尼亚山

湖泊众多

谷底有呈串珠状的湖泊30多个，这些湖泊多狭长水深，其中坦噶尼喀湖南北长670千米，东西宽40～80千米，是世界上最狭长的湖泊，平均水深达1 130米。

↑ 处在东非裂谷带上的基伍湖是中部非洲最高的湖泊，也是非洲的大湖之一。

地球上最为壮丽的景色之一

科罗拉多大峡谷

↑ 科罗拉多大峡谷

科罗拉多大峡谷是一处举世闻名的自然奇观，位于美国西部亚利桑那州西北部的凯巴布高原上，由于科罗拉多河穿流其中，故又名科罗拉多大峡谷，它被联合国教科文组织列入《世界自然遗产名录》。

→ 蜿蜒于谷底的科罗拉多河曲折幽深，峡谷中部地段形成河水激流奔腾的景观。

形如巨蟒

科罗拉多大峡谷的形状极不规则，峡谷两岸北高南低，平均谷深1 600米，宽762米，呈东西走向，蜿蜒曲折，像一条桀骜不驯的巨蟒，匍匐于凯巴布高原之上。

↑ 科罗拉多大峡谷

独一无二的景观

大峡谷是科罗拉多河的杰作，它在谷底汹涌向前，形成了两山壁立，一水中流的壮观景象。它那雄伟的地貌，浩瀚的气魄，摄人的神态，奇突的景色，都是举世无双的。

活的地质教科书

大峡谷的岩石就像一幅地质画卷，反映了不同的地质时期。它在阳光的照耀下变幻着不同的颜色，人们从谷壁可以观察到从古生代至新生代的各个时期的地层，因而被誉为一部"活的地质教科书"。

↑ 科罗拉多大峡谷

景色各异

由于峡谷两壁气候的不同，所以景观千差万别。南壁干暖，植物稀少；北壁高于南壁，气候寒湿，林木苍翠；谷底则干热，呈一派荒漠景观。

长　度	446千米
宽　度	16千米
谷　深	1 600米
面　积	2 724平方千米
地理位置	亚利桑那州西北部的凯巴布高原上

神的阅兵场
shén de yuè bīng chǎng

布赖斯峡谷
bù lài sī xiá gǔ

布赖斯峡谷位于美国犹他州南部、科罗拉多河北岸，是南部犹他州的五个国家公园里面积最小的一个。它以拥有形态怪异、颜色鲜艳的岩石而闻名于世，大片石林看上去就像是"神的阅兵场"一样，使人肃然起敬。

↑ 布赖斯峡谷的名字来源于1875年在这里拓荒定居的埃比尼泽·布赖斯

深　度	2 438米
海拔高度	2 800米
形成年代	约6 000万以前
地理位置	美国犹他州南部

↓ 环顾四周，只觉身边尽是红色石柱，有的冲天而起，有的呈螺旋状，盘旋向上，顶端则都是尖尖的。

流光溢彩
liú guāng yì cǎi

布赖斯峡谷内有14条深达300米的山谷，岩石常年受风霜雨雪侵蚀，呈现出红、淡红、黄、淡黄等60多种色度不同的颜色，加上阳光的照射，使岩石的色泽溢金流彩。

形成原因

布赖斯峡谷这些千奇百怪、姿态万千、色彩亮丽的石柱，是1 000万年前地壳变动形成悬崖峭壁和高原地带，后经河水冲刷和风霜雨雪侵蚀雕琢才逐渐形成的，峡谷的最低处，深达2 438米。

🔺 布赖斯峡谷的红色石林

🔺 岩石中所含的金属成分给一座座岩塔添上了奇异的色彩。

地质博物馆

从布赖斯峡谷北到布赖斯国家公园，连续迈上五个大台阶，依次取名为巧克力崖、朱崖、白崖、灰崖、粉崖，它们一层层上升，露出30亿年的彩色沉积层，有"地质博物馆"之称。

壮观的"兵马俑"

布赖斯峡谷体现了大自然的无比威力，从高原上瞭望，千千万万根石柱组成的石柱阵，气势磅礴，气派非凡，就像"兵马俑"一样，当地的派尤特人形容这些"直立的红色岩石就像站在碗形峡谷中的人群"

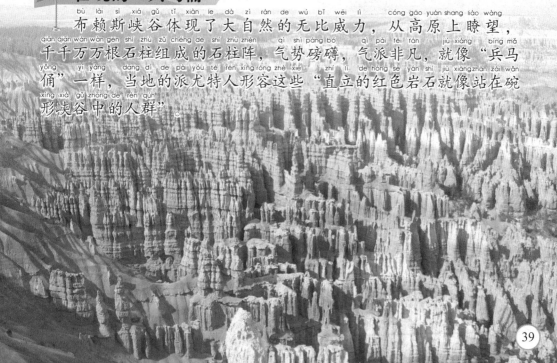

峡湾集聚地
xiá wān jí jù dì

挪威的峡湾
nuó wēi de xiá wān

挪威被称为"峡湾之国"，
nuó wēi bèi chēng wéi xiá wān zhī guó
这里集中了全世界80%的峡湾，
zhè lǐ jí zhōng le quán shì jiè de xiá wān
还被国际著名旅游杂志评选为"保
hái bèi guó jì zhù míng lǚ yóu zá zhì píng xuǎn wéi bǎo
存完好的世界最佳旅游目的地和世
cún wán hǎo de shì jiè zuì jiā lǚ yóu mù dì dì hé shì
界美景"之首，并被联合国教科文
jiè měi jǐng zhī shǒu bìng bèi lián hé guó jiào kē wén
组织列入《世界自然遗产名录》。
zǔ zhī liè rù shì jiè zì rán yí chǎn míng lù

⬆ 峡湾两岸的岩层很坚硬，主
要由花岗岩和片麻岩构成，并夹杂着
少数的石灰岩、白云岩和大理岩。

⬆ 峡湾风光

形成原因
xíng chéng yuán yīn

挪威的峡湾是在冰川时期被覆盖在
nuó wēi de xiá wān shì zài bīng chuān shí qī bèi fù gài zài
欧洲大陆北部的巨大冰川在上万年的时
ōu zhōu dà lù běi bù de jù dà bīng chuān zài shàng wàn nián de shí
间里，以每1 000年半米的速度侵蚀形成
jiān lǐ yǐ měi nián bàn mǐ de sù dù qīn shí xíng chéng
的。最有名的四大峡湾是盖朗厄尔峡湾、
de zuì yǒu míng de sì dà xiá wān shì gài lǎng è ěr xiá wān
松恩峡湾、哈当厄尔峡湾和吕瑟峡湾。
sōng ēn xiá wān hā dāng è ěr xiá wān hé lǚ sè xiá wān

壮丽的风景线

挪威峡湾的规模在世界上首屈一指，从北部的瓦伦格峡湾到南部的奥斯陆峡湾为止，一个接一个，这无穷尽的曲折峡湾和无数的冰河遗迹构成了壮丽精美的峡湾风光。

⬆ 峭壁上飞瀑流泉或叮咚或轰鸣，汇成了动听的天籁交响乐。

盖朗厄尔峡湾

⬆ 盖朗厄尔峡湾

盖朗厄尔峡湾是挪威峡湾中最为美丽神秘的一处。它全长16千米，两岸耸立着海拔1 500米以上的群山，以瀑布众多而著称，有许多瀑布沿着陡峭的岩壁泻入该峡湾，比如"新娘的面纱"和"七姊妹"。

松恩峡湾

在众多的峡湾中，长204千米、深1 308米的松恩峡湾是世界最长、最深的峡湾。峡谷两岸山高谷深，谷底山坡陡峭，有着举世无双的景观，让人仿佛置身于仙境。

长　度	204千米
深　度	1 308米
所在国家	挪威
特　点	世界最长、最深的峡湾

⬆ 松恩峡湾

世界第八大奇观
shì jiè dì bā dà qí guān

米尔福德湾
mǐ ěr fú dé wān

↑ 米尔福德峡湾在毛利语的意思为"第一只野生画眉"。

米尔福德峡湾被英国作家吉普林称为"世界第八大奇观",它位于新西兰南岛西南部峡湾国家公园内,是一处冰河时期形成的冰川地形,有着美轮美奂的景色,不得不令人惊叹大自然的鬼斧神工!

形成原因
xíng chéng yuán yīn

米尔福德峡湾形成于漫长的冰河时期,是通过长期滴水穿石的作用形成的,其最深处与麦特尔峰的落差达265米。峡湾水面与山崖垂直相交,冰川被切割成"V"字形断面。

天然交响乐
tiān rán jiāo xiǎng yuè

峡湾随处都可以见到大大小小的瀑布，它们的叮咚声或轰鸣声，汇在一起就像一首动听的天然交响乐。最著名的苏瑟兰瀑布就位于米尔福德峡湾上，总落差580米，居世界前列。

↑ 米尔福德峡湾的瀑布

↑ 峡湾顶冠企鹅

海洋生物
hǎi yáng shēng wù

米尔福德峡湾内盛产小龙虾，除此之外还生活着宽吻海豚、新西兰长毛海豹和峡湾顶冠企鹅等，在海豹角上常有大量的年轻海豹聚集，别有一番景致。

美景如画
měi jǐng rú huà

峡湾里可以看到环抱的群山，飞流的瀑布，叮当的泉水，滢滢的冰川。西海岸的14个峡湾连起来，总长达到了44千米。南海岸长度更长更宽，分布着很多小岛，景色异常优美。

↓ 米尔福德峡湾是新西兰峡湾国家公园最大也是最著名的峡湾。

世界上最深的峡谷

科尔卡峡谷和火山谷

位于秘鲁境内的安第斯山脉的科尔卡峡谷是世界上最深的峡谷，远远看去该山脉像是被一把大刀斩断的裂缝一样。雨季来临时，水流汹涌浑浊的科尔卡河蜿蜒于沿谷底散布的死火山间，景象十分壮观。

⬆ 时常被云笼罩的白雪皑皑的山峰

长　度	90千米
深　度	3 400米
所在国家	秘鲁

⬇ 山坡上只有一些长刺的蒲雅属植物，高约1.2米，利刃般的叶子向四面八方伸出，以免动物吞食。

最深的峡谷

科尔卡峡谷全长90千米，深3 400米，是美国科罗拉多大峡谷的两倍。对于喜欢冒险的旅游者，穿过这个峡谷的河是不可抵挡的诱惑。

形态万千的火山谷

峡谷的山脉间有一条64千米长的火山谷，谷内共有86座死火山渣堆。有些高达300米，有的四周是田野，有的四周堆满凝固的黑色熔岩，有些还长出了仙人掌和粗茎凤梨属植物呢！

⬆ 火山谷内的仙人掌

⬆ 山鹰

最大的飞禽

虽然这里的土地瘠薄，但却生长着20多种仙人掌和170种飞禽，其中最大的飞禽是山鹰，每只翅膀的长度是1.2米左右，被认为是世界上最大的飞禽。

神秘的沟谷

峡谷之间有条堆积着成千上万的白色砾石的酷热沟谷，名叫"托罗穆埃尔托沟谷"，砾石上刻有代表太阳的圆盘形物体，各种几何形状、蛇及戴着奇形头盔的人，有人猜测这里是"外星人的基地"。

西半球的最低点

死谷

死谷是北美大陆最低、最热和最干燥的一部分，位于美国加利福尼亚州东部内华达山脉东麓沙漠地区，因1849年曾有一队寻找金矿的人迷入谷底，几致死亡，后脱险而得名。

⬆ 不毛之地——死谷

气候条件

死谷其实是一个西北—东南延伸的断层地沟，长225千米，宽8~24千米。它低于海平面85米，是西半球陆地的最低点，这里夏季炎热，气温高达52℃，年降水量不足100毫米,是世界上最干旱的地方之一。

⬆ 谷地的形状使这里成为世界上最热的地方之一。

➡ 死谷国家公园占地约13 650平方千米，主要在加利福尼亚州境内。

过去的模样

死谷已经有100万年的历史啦。约5万年前，这里还有一个名叫曼利的大湖泊，后来因为气候干燥，湖水开始蒸发，在最低处留下了一层盐，就形成了如今所看到的盐盆了。

⬆ 死谷的巴沃德盐沼。死谷大部分地表水是在浅盐湖周围的盐沼和沼泽里。

⬆ 死谷谷底情景

美景迷人

虽然被称为死谷，却有着非常美丽的景色。由于这里的岩石中含有丰富的硼砂、铜、金、银、铝等矿藏，因此在阳光的照射下像彩虹一般闪烁，非常迷人。

死谷不死

这里虽然是一个荒漠，但绝不是没有生物存在。用显微镜可以观察到在浅盐湖边缘的泉水和沼泽周围还生长着一些耐寒的植物，如盐浸草、盐草和灯芯草等。

⬆ 死谷内的植物

长　　度	225千米
宽　　度	8~24千米
海拔高度	-85米
谷底面积	1 408平方千米
形成时间	100万年
地理位置	美国加利福尼亚州

世界最深、最长的峡谷

雅鲁藏布大峡谷

雅鲁藏布大峡谷拥有世界最深大峡谷、世界最长大峡谷两项世界纪录。但它的魅力却并不仅限于此，让我们一起到这个"藏地秘境"一探究竟吧！

⬆ 雅鲁藏布江无人区河段的瀑布群

第一大峡谷

雅鲁藏布大峡谷长504.9千米，平均深度为2 800米，最深处可达6 009米。整个峡谷地区冰川、绝壁、陡坡、泥石流和巨浪滔天的大河交错在一起，环境十分恶劣。许多地区至今仍无人涉足，堪称"地球上最后的秘境"

雅鲁藏布大峡谷巨大的马蹄形的大拐弯，某高峰与深邃峡谷的组合，在世界峡谷演变育上十分罕见。

长 度	504.9千米
平均深度	2 800米
最深处	6 009千米
海拔高度	2 880米
地理位置	中国西藏

天然立体画廊

长江三峡

长江三峡位于长江上游，西起重庆奉节的白帝城，东到湖北宜昌的南津关，全长204千米。它是集名山大川、名胜古迹、古今文化和民俗风情于一线，宛如一条迂回曲折的画廊，充满诗情画意，因此被誉为"四百里天然立体画廊"。

⬆ 虎跳峡风光

风景圣地

长江三峡是一个山水壮丽的大峡谷，以"雄"名世的瞿塘峡、以"秀"见长的巫峡、以"险"著称的西陵峡以及三座峡之间的香溪宽谷和大宁河宽谷组成，景色十分迷人，是中国十大风景名胜区之一。

⬆ 三峡风光

全　长	204千米
宽　度	80米
地理位置	长江上游

⬆ 三峡新的景观——三峡大坝

世界壮观的瀑布

维多利亚瀑布

位于非洲赞比西河中游的维多利亚瀑布，宽1 700多米，高108米，瀑布奔入玄峡谷时，水雾形成的彩虹在20千米外都能看见。它不仅是非洲最大的瀑布，也是世界上最大、最美丽和最壮观的瀑布之一。

⬆ 每逢新月升起，水雾中映出光彩夺目的月虹，景色十分迷人。

宽度	1 700米
宽度	108米
平均流量	935立方米/秒
地理位置	非洲赞比西河中游

⬇ 维多利亚瀑布的宽度和高度比尼亚加拉瀑布大一倍。

水的来源

瀑布的水来自赞比西河，当河水充盈时，每秒流过的水量高达7 500立方米，汹涌的河水冲向悬崖，形成水花飞溅的维多利亚瀑布，即便在几十千米外都能看到如云般的水雾。

五个段
wǔ gè duàn

维多利亚瀑布带是长达97千米的"之"字形峡谷，落差106米。整个瀑布被利文斯敦岛等四个岩岛分为五段，因流量和落差的不同分别被冠名为"魔鬼瀑布""主瀑布""马蹄瀑布""彩虹瀑布"和"东瀑布"。

↑ 维多利亚瀑布流经"之"字形峡谷

罕见的天堑
hǎn jiàn de tiān qiàn

大瀑布所在的峡谷是世界上罕见的天堑，这里高峡曲折，苍岩如剑，巨瀑翻银，急流如奔，构成一幅格外奇丽的自然景色。如果在雨季，水沫会凝成阵阵急雨，几分钟就会把观看瀑布的人淋湿。

↑ 维多利亚瀑布水流湍急

瀑布发现者
pù bù fā xiàn zhě

维多利亚瀑布在当地被称为"莫西奥图尼亚"，意思是"轰轰作响的烟雾"。它是由苏格兰传教士和探险家戴维·利文斯敦在1855年最早发现的，他是乘坐独木舟接近瀑布的。

← 两道悬崖之间是狭窄的峡谷，水在这里形成一个名为"沸腾锅"的巨大旋涡。

世界最高的瀑布
安赫尔瀑布

安赫尔瀑布又名天使瀑布，藏身于委内瑞拉与圭亚那的高原密林深处，它是世界上最高的瀑布，落差为979.6米，是尼亚加拉瀑布高度的18倍，气势雄伟、景色壮观，从高空中观看别有一番景象。

↑ 垂落直下三千尺的安赫尔瀑布

宽　度	150米
高　度	979.6米
地理位置	委内瑞拉与圭亚那

两级瀑布

安赫尔瀑布的水来自邱伦河，河水从平顶高原奥扬特普伊山的陡壁直泻而下，几乎未触及陡崖，就被分为两级，先泻下807米，落在一个岩架上，然后再跌落172米，落在山脚下一个宽152米的大水池内。

← 安赫尔瀑布海无陆路可通，只有乘飞机才能一睹它神秘的雄姿

藏身密林深处

由于瀑布处在非常茂密的热带雨林中，不能步行抵达瀑布的底部。雨季时，河流因多雨而变深，人们可以乘船进入。在一年的其他时间里，只能从空中观赏瀑布。

🔼 壮观的安赫尔瀑布

🔼 安赫尔瀑布发源于丘伦河

难得一见

如今，能够有机会亲眼目睹安赫尔瀑布"芳姿"的人还寥寥无几。层层茂密的原始森林遮蔽了游人的视线，只有租乘飞机，才可能从弦窗上极为难得地看到它的"庐山真面目"。

初撩面纱

20世纪中叶，安赫尔瀑布还鲜为人知。20世纪30年代初，美国探险家詹姆斯·安赫尔驾驶飞机探险时发现了它，不幸的是飞机出事坠毁，后人为了纪念他的这次探险，就将这个瀑布命名为"安赫尔瀑布"。

🔼 山顶上则是一片热带稀树草原的景象，四周覆盖着棉花糖般的云，在这云蒸雾罩的深处就藏着安赫尔瀑布。

世界最宽的瀑布

伊瓜苏瀑布

伊瓜苏瀑布是一个马蹄形瀑布，位于阿根廷与巴西边界上，高度只有82米，但宽度却达到4千米，是世界上最宽的瀑布，景色颇为壮观，1984年，被联合国教科文组织列入《世界自然遗产名录》。

🔼 悬崖边有无数树木丛生的岩石岛屿，使伊瓜苏河由此跌落时分为270多股急流或泻瀑。

高　度	82米
宽　度	4千米
平均流量	1 751立方米/秒
地理位置	阿根廷与巴西边界上

🚩 伊瓜苏瀑布宽4千米，是北美洲尼亚加拉瀑布宽度的4倍，比非洲的维多利亚瀑布大一些。

伊瓜苏河

伊瓜苏瀑布是巴西境内的伊瓜苏河在汇入巴拉那河之前落入一处宽广裂口而形成的。未进入峡谷之前水流渐缓，河宽1 500米，像一个湖泊。

人间奇景

由于瀑布在中途被突出的岩石击破，使水流偏转而水花飞溅升腾，产生如彩虹慢帐般的景色。从瀑布底部向空中升起近152米的雾幕与彩虹相辉映，景象蔚为壮观。

⬆ 伊瓜苏瀑布与彩虹

⬆ 伊瓜苏瀑布的中心

不同的风景

伊瓜苏瀑布从不同地点、不同方向、不同高度，看到的景象都不同。峡谷顶部是瀑布的中心，水流最大最猛，人称"魔鬼喉"，有"大海泻入深渊"之势。

瀑布群

当河水顺着倒"U"形峡谷的顶部和两边向下直泻而下时，突出的岩石将奔腾而下的河水切割成大大小小270多个瀑布，就形成了景象壮观的半环形瀑布群——伊瓜苏瀑布。

⬆ 伊瓜苏瀑布的水来自伊瓜苏河，河水在阿根廷与巴西边境宽1 500米，像一个湖泊。

雷神之水

尼亚加拉瀑布

尼亚加拉瀑布位于加拿大安大略省和美国纽约州的交界处，与伊瓜苏瀑布、维多利亚瀑布并称为"世界三大跨国瀑布"。由于它的水势澎湃，声震如雷，因此被称为"雷神之水"。

🔼 尼亚加拉瀑布

宽度	2~3千米
高度	15米
流速	35.4千米/小时
平均流量	5 720立方米/秒
地理位置	加拿大安大略省和美国纽约州的交界处

➡️ 尼亚加拉瀑布有流水潺潺、银花飞溅的迷人景色。

🚩 旅游胜地

尼亚加拉瀑布不仅是北美东北部尼亚加拉河上的大瀑布，也是美洲大陆最著名的奇景之一，一直吸引人们到此度蜜月、走钢索横越瀑布或者坐木桶漂游瀑布。

蛟龙翻身

水量丰富的尼亚加拉河从距伊利湖北岸32千米起河道变窄，水流加速，在一个90°急转弯处，从一个石灰石构成的断崖上，骤然陡落，水势澎湃，就形成了壮观的尼亚加拉瀑布。

⬆ 尼亚加拉瀑布

水量充盈

尼亚加拉瀑布总的最大流量可达每秒6 000立方米。但是只有30%的水量流向尼亚加拉河河谷断层处，形成瀑布，其余70%的水量被用于发电。

⬆ 尼亚加拉瀑布水量充盈

联合保护

由于瀑布常年冲蚀，使得石灰岩崖壁不断坍塌，致使尼亚加拉瀑布每年向上游方向后退10厘米，照此计算，5万年左右瀑布将完全消失。现在，美、加两国联合采取措施，使瀑布后退的速度控制在每年不到3厘米。

地下的天然锅炉

斯特罗克尔间歇泉

斯特罗克尔间歇泉位于冰岛西南部，每当它喷射时，滚烫的水通过直径约3米水塘里的一个洞口涌出，呈一蓝绿色的水穹，因此被人们称为"地下的天然锅炉"。

喷发的景象

斯特罗克尔间歇泉过去曾非常活跃，现在已平静下来，只是偶尔喷水。每次喷水时都伴随着一阵轰鸣声，气泡翻腾，然后一股沸水柱猛地冲向22米以上的空中，持续4~10分钟。

⬆ 它喷射时蒸汽弥漫，发出嘶嘶声，然后喷水逐渐平息下来，直到下一次喷发。

直　径	3米
持续时间	4~10分钟
地理位置	冰岛西南部

⬇ 没有喷发时，非常的平静。间歇泉一般出现在岩浆（熔岩）接近地面处，那里炽热的岩石会把水烤热。

世界上最著名的间歇泉

老忠实间歇泉

老忠实喷泉是美国黄石公园中最负盛名的景观。它不像其他喷泉那样没有规律地爆发，而是每隔几十分钟就会喷发一次，从不叫旅客失望，因此它得到了"老忠实"这个美名。

⬆ 老忠实间歇泉因喷发时间稳定持久而得名。

⬆ 喷发的老忠实喷泉

历史悠久

老忠实间歇泉有规律地喷发至少已有200年，每小时一次喷射出约4.5万升水，高度达30~45米，每次持续时间5分钟。喷得最高最美之时是前20秒，水温可达到93℃。

美名传天下

人们来到黄石公园，必到老忠实喷泉一睹为快。它不喷则已，一喷则如万马奔腾，在阳光辉映下，水蒸气闪出七彩颜色，蔚为壮观，令游人赞不绝口。

高　度	30~45米
持续时间	5分钟
每次间隔	56分钟
喷出水量	4.5万升/小时
地理位置	美国黄石公园

⬅ 人们来到黄石公园，必到老忠实喷泉一睹为快。

硫黄城 liú huángchéng

罗托鲁阿地热区 luó tuō lǔ ā dì rè qū

新西兰北岛的罗托鲁阿地热区是最重要的地热活动区之一。这里有温泉、间歇泉、嘶嘶作响的蒸汽喷口和猛烈地冒着气泡的泥塘，由于这里弥漫强烈的硫黄气味，因此得了一个"硫黄城"的诨名。

↑ 滚腾似粥的沸泥塘，和缕缕烟雾冉冉而起，如轻纱飘扬。

喷发次数	10~25次/天
持续时间	40分钟
高度	30米
地理位置	新西兰北岛的罗托鲁阿地热区

↓ 罗托鲁阿的死火山口，现今大多是清澈如水晶的湖泊。

地热之城 dì rè zhī chéng

由于罗托鲁阿地热区位于太平洋西侧的地震火山带南端，地层活动十分剧烈，厚达数百米至上千米的炽热岩石和岩浆埋藏地下，就形成了丰富的地热资源。

温泉之乡

罗托鲁阿的面积为23平方千米。整个地区遍布形态万千、各式各样的温泉，因此这里被称为"南太平洋的天然温泉之乡"，吸引着无数游人前来参观度假。

⬆ 天然的温泉

⬆ 地热资源丰富

用途广泛

因为这里温泉泥潭含有硫黄，可治疗多种病痛，特别是风湿病，所以新西兰在1881年将这里开辟为温泉疗养镇，供人们前来治疗。除了洗浴之外，当地的毛利人还利用地热温泉做饭、洗衣、取暖等。

"波胡图"间歇泉

"波胡图"间歇泉不仅是罗托鲁阿地热区最大的一处喷泉，也是新西兰最大的间歇泉。它每天喷发10~25次，喷射可持续40分钟，沸水柱达30米高，有时隔几分钟便喷射一次，有时则要隔几个月。

⬇ "波胡图"间歇泉

地球之巅
dì qiú zhī diān

珠穆朗玛峰
zhū mù lǎng mǎ fēng

珠穆朗玛峰位于中国和尼泊尔两国边界上。它高8 844.43米，山顶终年积雪，是喜马拉雅山脉的主峰，也是世界上最高的山峰，被评为中国最美的、令人震撼的十大名山之一。

↑ 遥看珠穆朗玛峰很神秘

常年积雪
cháng nián jī xuě

珠穆朗玛峰的山体呈巨型金字塔状，威武雄壮、昂首天外，地形极端险峻，环境非常复杂。山顶常年积雪，分布着548条大陆型冰川，总面积达1 457.07平方千米，平均厚度达7 260米。

↑ 珠穆朗玛峰的山体呈巨型金字塔状

海拔	8 844.43米
冰雪面积	达1 457.07平方千米
地理位置	中国和尼泊尔两国边界上

形状多样

冰川上有千姿百态、瑰丽罕见的冰塔林，又有高达数十米的冰陡崖和步步陷阱的明暗冰裂隙，还有险象环生的冰崩雪崩区。

➡ 珠穆朗玛峰的雪崩

⬆ 攀登珠穆朗玛峰南部的大本营

不断变化的高度

珠穆朗玛峰所在的喜马拉雅山地区原来是一片汪洋大海，后来经过地壳运动，猛然抬升形成。如今该地区仍处在不断上升之中，每100年上升7厘米，因此珠峰的高度也在不断地变化。

高峰林立

珠穆朗玛峰不仅巍峨宏大，而且气势磅礴。在它周围20千米的范围内，群峰林立，山峦叠障，仅海拔7 000米以上的高峰就有40多座。如洛子峰、马卡鲁峰等。

山中之王
shān zhōng zhī wáng

马特峰
mǎ tè fēng

马特峰地跨瑞士和意大利之间的
边界，是阿尔卑斯山脉中最著名的山
峰。它的高度为4 478米，以其壮丽的
外形以及耸立于瑞士采马特村的地势而
闻名，被称为"山中之王"。

⬆ 马特峰是阿尔卑斯山脉中最后一个被征服的主要山峰。

海拔	4 478米
形成时间	400万年前
地理位置	瑞士和意大利之间的边界

形成原因
xíng chéng yuán yīn

阿尔卑斯山脉形成于
4 000万年以前。当时地壳的
两大板块相互碰撞，将岩
层抬升，成为一条褶皱山
系，马特峰就是这样形
成的。

➡ 马特峰一柱擎天之姿，
直指天际，其特殊的三角锥造
型，无疑是阿尔卑斯山的最典
型的代表。

引人之处

马特峰并不是阿尔卑斯山脉的最高一座山，甚至也不是瑞士的最高峰。但是它有四条颇具特色的山脊以及赋予它金字塔形状的4个面，加上附近没有别的山峰，因此它就更加引人注目。

⬆ 马特峰

⬆ 每当朝晖夕映，长年积雪的山体折射出金属般的光芒，摄人心魄。

四壁陡峭

由于马特峰的四个面都非常的陡峭，因此只有少量的雪黏在表面，发生雪崩时，积雪会被推到峰下的冰川里，因此，登峰者常常从东北角的山脊上山。

挑战的乐趣

对于观光者而言，马特峰是一处遥不可及的美景，但对登山家而言，马特峰却是向自己极限挑战的登山处。由于这里地势极为陡峭险峻，许多登山家把它看作"挑战极限之地"。

⬅ 马特峰是一个有四个面的锥体，分别面向东南西北。

垂涎欲滴的名字
巧克力山丘

在菲律宾保和岛的中央，有一座由1 268座小山丘组成的圆形小山。它们像田野上的干草堆一样紧紧挨在一起，雨季时呈绿色，旱季时就变成巧克力般的褐色，因此人们称它为"巧克力山丘"。

⬆ 巧克力山丘鸟瞰图

美丽的传说

在当地有一个传说，说两个发怒的巨人打架，互相抛石头，最后他们精疲力竭，最终和好，而这些石头却形成了小山丘，成为友谊的象征。

⬆ 巧克力山丘

难解的形成之谜

巧克力山丘的形状各异，有的是圆顶，有的呈锥形，显得与众不同。它们可能都由石灰岩组成，也可能只是数百万年雨水侵蚀的结果，现在还无从知晓。

⬇ 奇特的巧克力山丘

白雪覆顶的山峰
bái xuě fù dǐng de shān fēng

帕伊内角峰
pà yī nèi jiǎo fēng

帕伊内角峰位于智利南部，属南美安第斯山脉群峰之一，它们由两个带粉红色的灰色花岗岩峰组成，每个山峰的高度约2 545米，但令人惊奇的是它们犹如摩天大楼般屹立在周围的土地之上。

↑ 帕伊内角峰卫星图片

形成过程
xíng chéng guò chéng

帕伊内角峰是由花岗岩组成的火山链，上面覆盖着一层板岩。在有些地方，大块的地下花岗岩因地壳运动被抬升，突破地壳表面后呈石柱状。后经冰川侵蚀，柱顶变成了曲面，两侧面却很陡峭，甚至呈直立状。

↑ 白雪皑皑的帕伊内角峰

↓ 帕伊内角峰高高耸立在起伏的草原、长着红黄绿三色地毯般苔藓的沼泽以及平静清澈的湖面之上。

地球上最纯粹的垂直岩壁

罗赖马山

罗赖马山是南美洲北部帕卡赖马山脉的最高峰，在巴西、委内瑞拉和圭亚那三国交界处。它的边缘陡峭、顶部是平坦的桌状山地，是最纯粹的垂直岩壁，受到很多攀岩爱好者的青睐。

⬆ 罗赖马山是南美洲北部帕卡赖马山脉中一座平顶山。

旧时模样

罗赖马山约有3亿年历史，这里最初是浩大的浅湖和三角洲，因为地壳运动而隆起，后因侵蚀变成山和露出地面的岩层。在平顶山顶部，还能看到保存在岩石上的水波纹痕迹。

⬆ 罗赖马山

河流发源地

罗赖马山长约14千米、宽5千米，海拔2 810米，是奥里诺科河系、亚马孙河系以及圭亚那的许多河流的发源地，被当地人亲切地称为"河流的母亲"。

⬆ 这里的砂岩95%是纯石英和纵横交错的许多热液石英脉。

⬆ 山顶平坦开阔，植被也只有香草和灌木。

特有的动植物

罗赖马山主要由砂岩构成，山麓含有金刚石、铝土等丰富的矿藏。在营养贫乏的砂岩土壤中，还生长着沼泽罐、毛毡苔圈闭等食虫植物，此外还有一些当地特有的哺乳动物。

生活素材

罗赖马山的西南岩壁约长6.2千米，1912年阿瑟·柯南道尔爵士所著的小说《失去的世界》，就是以这部分的罗赖马山为背景的。这里曾是翼手龙及其他史前期怪兽的栖身处。

长　度	14千米
宽　度	5千米
海　拔	2 810米
地理位置	南美洲北部帕卡赖马山脉

dà jiǎo bān líng zhī dì
大角斑羚之地

ān fēi xī è tè xuán yá
安菲西厄特悬崖

zài nán fēi huáng jiā nà tǎ ěr guó jiā gōng yuán nèi
在南非 皇 家纳塔尔国家公园内
yǒu yí gè jù dà de bàn yuán xíng píng dǐng xuán yá qū tā
有一个巨大的半圆形平顶悬崖区，它
gāo mǐ dǐng duān kě yǐ shēng dào mǐ
高1 500米，顶端可以升到3 000米
zuǒ yòu rén men chēng tā wéi ān fēi xī è tè xuán yá
左右，人们 称 它为安菲西厄特悬崖，
qí yán dǐng bèi chēng wéi bō fēng dāng dì yǔ yì
其岩顶被 称 为"波丰"，当地语意
si wéi dà jiǎo bān líng zhī dì
思为"大角斑羚之地"。

⬆ 安菲西厄特悬崖

chù chù liè fèng
处处裂缝

ān fēi xī è tè yòu chēng lóng shān cóng hǎo wàng
安菲西厄特又称龙山，从好望
jiǎo yì zhí yán shēn dào dé lā tǔ wǎ cháng qiān
角一直延伸到德拉土瓦，长1 000千
mǐ yán shí nèi yǒu hěn dà de liè fèng yǒu de cháng
米。岩石内有很大的裂缝，有的长
dù hé xuán yá yí yàng cháng yǒu de zé tū chū xuán yá
度和悬崖一样长，有的则突出悬崖
hǎo xiàng shì zài jiā gù xuán yá yí yàng
好像是在加固悬崖一样。

⬆ 安菲西厄特悬崖底下是南非最古老的
禁猎区"巨人堡"，这里生活着大角斑羚、
羚羊、猞猁、雕和胡兀鹫等多种动物，人们
以捕猎为生。

高 度	1 500米
地理位置	南非皇家纳塔尔国家公园

杂乱的大蜂巢
本格尔·本格尔斯山地

本格尔·本格尔斯是一个高200米的山地，山地的面貌粗犷，远远看去像是一大堆杂乱的大蜂巢，其黑色和橙色条纹则像"蜜蜂"，当地人视它为"神圣的地方"。

⬆ 本格尔·本格尔斯山地现为国家公园

极易破碎的岩石

在3.5万年前，这里曾一度是覆盖澳大利亚西部海洋的底部。山地的岩石是由砂岩组成，极易破碎，尽管外面有一层由黑色金属硅石和海藻组成的"外皮"保护，但还是会被雨水侵蚀。

高度	200米
地理位置	澳大利亚

⬆ 本格尔·本格尔斯山地的山坡非常陡峭，但松软的岩石一碰即碎。

⬇ 本格尔·本格尔斯山地土著人认为山地跟他们居住在那里的时间一样长久，大约有2.4万年，在一些岩石表面上还存有古代土著人的雕刻。

巨型的管风琴

jù xíng de guǎn fēng qín

阿哈加尔山脉

ā hā jiā ěr shān mài

阿哈加尔山脉位于撒哈拉沙漠的中心，阿尔及尔市以南约1 500千米处。虽然被称作"山脉"，其实是一座花岗岩高原，呈长棱柱形，犹如一束束矗立着的巨大的"管风琴"，非常壮观。

⬆ 虽然光秃秃一片，阿哈加尔清晨的景色还是很美丽的。

⬆ 阿哈加尔山脉

海 拔	3 003米
面 积	800平方千米
地理位置	阿尔及利亚

➡ 在这些奇形怪状的山峰中，伊拉门峰最高，达2 627米。

石柱奇景

shí zhù qí jǐng

山脉的180米以下是由玄武岩组成的，这些岩石堆积在底部的花岗岩之上。而在300米的高地，则到处是由响岩构成的岩塔和岩柱，景象蔚为壮观。这些石柱遍布方圆800平方千米，多达300多根，堪称奇景。

月亮山
yuè liang shān

鲁文佐里山脉
lǔ wén zuǒ lǐ shān mài

鲁文佐里山脉是乌干达和刚果(民)两国边界上的山脉,南北长约130千米,最大宽度50千米,位于爱德华湖和艾伯特湖之间。因为岩石中含有的云母片岩会发光,能够显露出奇异的光芒,人们又称它"月亮山"。

🔼 鲁文佐里山脉形成于200万年以前,是由一块巨大的陆地向上隆起,然后剧烈倾斜而形成的。

🔼 鲁文佐里山脉雨、雾甚多,一年中山峰笼罩在云中达300天,当地语意为"造雨者"。

🔽 鲁文佐里山脉位于赤道上的山峰终年积雪,幻妙的奇景被浓雾所遮盖。

与众不同
yǔ zhòng bù tóng

与多数非洲雪峰不同,它不是由火山形成,而是一个巨大的地垒,最高点是高达5 119米的玛格丽塔山。大山之间隔有隘口和深河谷,河谷上游有冰川和小湖,景致独特。

长 度	130千米
宽 度	50千米
形成时间	200万年前
地理位置	乌干达和刚果(民)两国边界上

73

bīng zhī tiān táng
冰之天堂

luó sī   gé lā xī yà léi sī bīng chuān
罗斯·格拉希亚雷斯冰川

阿根廷的罗斯·格拉希亚雷斯冰川是世界上最大的现代冰川区之一，总面积4 459平方千米。因有着崎岖高耸的山脉和许多冰湖，而被称为"冰之天堂"。

⬆ 冰坝上游的水面上升，高出冰川下的水面达37米。

bái sè bīng qiáng
白色冰墙

这片冰川区共有47座冰川，其中13个流向大西洋。它们都是从巴塔哥尼亚冰场漂移过来的冰川，每隔两三年，冰川保持不融化的状态，直到移向湖的对岸，前端形成一堵60米高的蓝白色冰墙，景象十分壮观。

⬇ 一条从巴塔哥尼亚冰冠向下伸延的宏伟冰川，名叫乌尔蒂马—埃斯佩兰萨。

总面积	4 459平方千米
地理位置	阿根廷

世界上最大的冰架
shì jiè shang zuì dà de bīng jià

罗斯冰架
luó sī bīng jià

luó sī bīng jià shì yī gè jù dà de sān jiǎo xíng bīng
罗斯冰架是一个巨大的三角形冰
fá　　jī hū sāi mǎn le nán jí zhōu hǎi àn de yī gè hǎi
筏，几乎塞满了南极洲海岸的一个海
wān　tā kuān yuē　qiān mǐ　xiàng nèi lù fāng xiàng shēn
湾。它宽约800千米，向内陆方向深
rù yuē　qiān mǐ　shì shì jiè shang zuì dà de bīng jià
入约970千米，是世界上最大的冰架，
qí miàn jī hé fǎ guó xiāng dāng
其面积和法国相当。

⬆ 罗斯冰架像一艘锚泊很松的筏子。
大块的冰从冰架脱离，形成冰山后浮去。

fú dòng de bīng shān
浮动的冰山

luó sī bīng jià sì zhōu bīng bì dǒu qiào　　bīng de
罗斯冰架四周冰壁陡峭，冰的
hòu dù zài　　　　mǐ jiān biàn huà　　tā yǔ nán
厚度在185~760米间变化。它与南
jí zhōu de qí tā bīng chuān yī qǐ chǔ cún le zhè ge dì
极洲的其他冰川一起储存了这个地
qiú shang dà yuē　de dàn shuǐ zī yuán　xiàn zài bīng
球上大约70%的淡水资源。现在冰
chuān měi tiān yǐ　　　mǐ de sù dù bèi tuī dào hǎi
川每天以1.5~3米的速度被推到海
lǐ
里。

⬆ 该冰架是英国船长詹姆斯·克拉克·罗斯爵士于1840年在一次定位南磁极的考察活动中发现的。

宽　度	800千米
深　度	970千米
面　积	52万平方千米
发现时间	1840年
地理位置	南极的爱德华七世半岛和罗斯岛之间

像火星
xiàng huǒ xīng

南极洲干谷
nán jí zhōu gān gǔ

在人们的印象里，南极到处都被冰雪覆盖着。但是在这一望无际的雪原中，却有一个无冰雪的地带，那就是位于麦克默多海峡西部的维多利亚的干谷。它其实是被巨大的已经消失的冰川分割成的四壁陡峭的三个盆地。地面上散布着砾石，被人们称为地球上最像火星的地区。

↑ 南极洲干谷

➡ 干谷范围很大，呈褐色或黑色，无植物生长，故被形容为"赤裸的石沟"。

如果不见雪花
rú guǒ bù jiàn xuě huā

在干谷贫瘠的土地上布满了细碎的砾石，被认为是地球上最像火星地貌的地方。这里地形独特，只有一些陡峭的岩石，几乎没有降雪，年降雪量只有25毫米。

神秘的生命体

干谷是南极洲唯一没有冰层的区域，干谷底部有时存在着永久性冷冻湖，冰层达数米厚。在冰层之下盐度非常高的水中生活着一些神秘的简单有机生命体，目前仍在研究中。

⬆ 一片贫瘠的干谷

⬆ 干谷的盐湖

盐湖

每个干谷都有盐湖。最大的是万达湖。它有60多米深，湖面上有一层4米厚的冰层，湖底水温较暖达25℃。这是因为湖面上的冰层阻止了热量向外部散发。

天然冷藏室

这里就像一个天然的"冷藏室"，动植物能长时间地保存在干谷的干冷空气中。在干谷里散布着被保存下来的海豹尸体，它们可能死于数百年，甚至数千年前。

⬇ 干谷荒芜砾石散落地面，被认为是地球上与火星最相似的地方。

guāng de wǔ dǎo
光的舞蹈

jí guāng
极 光

jí guāng shì cháng cháng chū xiàn yú wěi dù kào jìn dì
极光是常常出现于纬度靠近地
cí jí dì qū shàng kōng dà qì zhōng de cǎi sè fā guāng xiàn
磁极地区上空大气中的彩色发光现
xiàng tā duō zhǒng duō yàng wǔ cǎi bīn fēn xíng zhuàng
象。它多种多样，五彩缤纷，形状
bù yī qǐ lì wú bǐ zài zì rán jiè zhōng hái méi yǒu
不一，绮丽无比，在自然界中还没有
nǎ zhǒng xiàn xiàng néng yǔ zhī pì měi yǒu rén chēng tā wéi
哪种现象能与之媲美，有人称它为
guāng de wǔ dǎo
"光的舞蹈"。

🔺 美丽的极光

🔺 极光与太阳风息息相关

chǎn shēng de yuán yīn
产生的原因

jí guāng shì yóu yú tài yáng dài diàn lì
极光是由于太阳带电粒
zi tài yáng fēng jìn rù dì qiú cí chǎng
子（太阳风）进入地球磁场，
zài dì qiú nán běi liǎng jí fù jìn dì qū de gāo
在地球南北两极附近地区的高
kōng yè jiān chū xiàn de càn làn měi lì de guāng
空，夜间出现的灿烂美丽的光
huī zài nán jí chēng wéi nán jí guāng zài
辉。在南极称为南极光，在
běi jí chēng wéi běi jí guāng
北极称为北极光。

变幻莫测

极光一般呈带状、弧状、幕状、放射状，有时出现时间极短，就像节日的焰火；有时却可以在苍穹之中辉映几小时；有时像一条彩带，有时像一张五光十色的巨大银幕，变幻莫测，美丽至极。

↑ 幕状极光

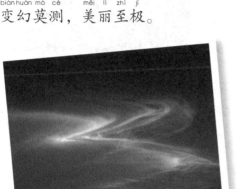

↑ 带状极光

地球之外的极光

极光产生的条件有三个：大气、磁场、高能带电粒子，这三者缺一不可。因此极光不只在地球上出现，太阳系内的其他一些具有磁场的行星上也有极光。

极光的能量

美丽的极光的力量也是非常大的，它在地球大气层中投下的能量，可以与全世界各国发电厂所产生电容量的总和相比。不仅如此，这种能量还能扰乱无线电和雷达的信号，如何很好地利用它造福人类，现在科学家正在研究呢！

↑ 北极光

世界上最大的洞穴系统

马默斯和弗林特·里奇洞穴

位于美国肯塔基州的路易斯维尔市以南的马默斯和弗林特·里奇洞穴是世界上最大的洞穴系统之一。它们全部在马默斯洞穴国家公园的地下，这些洞穴是水将一层坚硬岩石底下的石灰岩溶解的结果。

⬆ 马默斯洞穴

洞穴奇景

据洞穴家探测发现，弗林特、马默斯和图海这三条山岭下面的洞穴是连在一起的，长达560千米。这个洞穴系统里有惊人数量的钟乳石和石笋，它们形成了坚硬的石灰岩幕帘和瀑布，以及像花朵一般的精致晶体，非常漂亮。

⬇ 洞穴内部

bīng kuí shì jiè
冰魁世界

ài sī lǐ sēn wéi ěr tè dòng xué
艾斯里森维尔特洞穴

dì qiú shang yǒu xǔ duō bīng dòng　　dàn shì ào dì lì
地球上有许多冰洞，但是奥地利
ài sī lǐ sēn wéi ěr tè bīng dòng què shì rén lèi yǐ zhī de zuì
艾斯里森维尔特冰洞却是人类已知的最
dà bīng dòng zhī yī　tā xiàng nèi yán shēn　qiān mǐ　quán
大冰洞之一。它向内延伸40千米，全
shì tiān rán de bīng diāo　bù dé bù ràng rén kǎi tàn dà zì rán
是天然的冰雕，不得不让人慨叹大自然
de mèi lì shì wú qióng de
的魅力是无穷的。

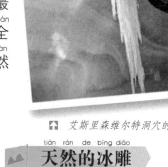

艾斯里森维尔特洞穴的冰笋

tiān rán de bīng diāo
天然的冰雕

ài sī lǐ sēn wéi ěr tè bīng dòng zhōng
艾斯里森维尔特冰洞中
bīng zhù lín lì　bīng zhōng rǔ xuán lián　dòng
冰柱林立，冰钟乳悬连，洞
bì de huā wén shí fēn měi lì　zài bīng dòng
壁的花纹十分美丽。在冰洞
zhōng xīn　yǒu yī gè yóu yī pái bīng zhù xíng
中心，有一个由一排冰柱形
chéng de tiān rán bīng diāo　míng jiào　fú lì
成的天然冰雕，名叫"弗丽
jiā miàn shā　　tā shì gēn jù yuǎn gǔ nuó
嘉面纱"，它是根据远古挪
wēi nǚ shén míng míng de
威女神命名的。

艾斯里森维尔特冰洞，是一座迄今为止发现
的最大冰洞。

艾斯里森维尔特冰洞里绚丽
多彩的石帘、石幔、石瀑、石柱和石
花，如仙境一般。

全球最美的洞穴之一

姆鲁山国家公园的洞穴

面积约544平方千米的姆鲁山国家公园位于马来西亚沙捞越州自然保护区，它不仅拥有世界上最大的洞穴，还拥有世界上最大的洞穴通道。这里的峡谷、峰林与悬崖构成了一道瑰丽的景观。

⬆ 姆鲁山国家公园洞穴

⬆ 姆鲁山国家公园洞穴
⬇ 沙捞越洞穴

世界之最

在姆鲁山国家公园的整个洞穴系统中，沙捞越洞穴是世界上最大的洞窟，清水洞系统是世界上容积最大的洞穴，而鹿洞则被认为是世界上最大的洞穴通道。

口 宽	2 000米
长 度	1 000米
高 度	250米
容 积	1 000万~1 300万立方米

溶洞群
róng dòng qún

zhè lǐ yǒu shì jiè shang zuì dà de róng dòng qún zuì
这里有世界上最大的溶洞群，最
dà dòng kǒu kuān mǐ cháng mǐ gāo
大洞口宽2 000米，长1 000米，高250
mǐ róng jī dá wàn wàn lì fāng mǐ
米，容积达1 000万～1 300万立方米，
dòng zhōng shí huī zhì chén jī wù zī tài wàn qiān hái yǒu àn
洞中石灰质沉积物姿态万千，还有暗
hé dāng zài yáng guāng tóu shè huò zhí shè jìn dòng xué
河，当在阳光投射或直射进洞穴，
jiā shàng yán shí de tiān rán huā wén gòu chéng yī fú dà
加上岩石的天然花纹，构成一幅大
zì rán de qí jǐng
自然的奇景。

⬆ 溶洞内部

⬆ 溶洞内部的钟乳石

巧手天宫
qiǎo shǒu tiān gōng

mǔ lǔ shān guó jiā gōng yuán de dòng xué jiù xiàng yī
姆鲁山国家公园的洞穴就像一
gè dì xià mí gōng nà xiē zhōng rǔ shí hé shí sǔn
个地下迷宫，那些钟乳石和石笋，
yǒu rú yì shù dà shī men de qiǎo shǒu diāo zhuó yóu qí
有如艺术大师们的巧手雕琢。尤其
shì bàng wǎn shí fēn huì yǒu chéng qiān shàng wàn de biān
是傍晚时分，会有成千上万的蝙
fú cóng dòng xué zhōng hū lā lā de fēi chū qù mì
蝠从洞穴中"呼啦啦"地飞出去觅
shí fēi cháng zhuàng guān
食，非常壮观。

皇冠上的明珠
huáng guān shang de míng zhū

mǔ lǔ shān guó jiā gōng yuán bèi chēng zuò huáng guān shang de míng zhū bù jǐn yǒu quán shì jiè zuì
姆鲁山国家公园被称作"皇冠上的明珠"。不仅有全世界最
dà de tiān rán shí dòng hái yǒu bèi gōng rèn wéi shì jiè dì bā qí guān de dāo shí lín tā men shì
大的天然石洞，还有被公认为世界第八奇观的"刀石林"。它们是
jīng wàn nián cháng qī fēng huà jí yǔ shuǐ qīn shí ér chéng piàn piàn jiān sǒng zhí lì zuì gāo gāo dù dá
经150万年长期风化及雨水侵蚀而成，片片尖耸直立，最高高度达
mǐ
45米。

萤火虫洞
yíng huǒ chóng dòng

怀托摩溶洞
huái tuō mó róng dòng

怀托摩溶洞位于新西兰的怀卡托地区，它最吸引人的就是岩壁上爬着成千上万的萤火虫，使岩洞内熠熠生辉，灿若繁星，有人把这种自然奇观称为"世界第九大奇迹"。

↑ 怀托摩溶洞的萤火虫是一大景观。

↑ 怀托摩溶洞的蓝色荧光

萤火虫的天堂
yíng huǒ chóng de tiān táng

由于洞穴上下均有通口，吸引了许多昆虫入内繁殖，其中以捕食昆虫的萤火虫最奇特。它们吐着一粒粒如珠子般的黏丝，以及尾部发出的蓝色萤光，星罗棋布攀附在岩洞深处的上方，像是满天繁星一样。

迷人的景色

怀托摩溶洞因地下溶洞现象而闻名。地面下石灰岩层构成了一系列庞大的溶洞系统，由各式的钟乳石和石笋以及萤火虫来点缀装饰，景色迷人，吸引了全世界的游客前来观赏。

⬆ 怀托摩溶洞内的石笋林立

⬆ 怀托摩溶洞

活性洞穴

怀托摩溶洞形成于15 000年前，洞穴的山上原有一个小湖泊被冰封着，后来因为气候改变，冰雪渐渐退去，流入下方的石灰质岩层裂缝，逐渐冲蚀成了这一洞穴，因为生成年代仍属年轻，洞穴仍在扩大中，因此被称为"活性岩洞"。

<ruby>深<rt>shēn</rt></ruby><ruby>邃<rt>suì</rt></ruby><ruby>的<rt>de</rt></ruby><ruby>蓝<rt>lán</rt></ruby><ruby>眼<rt>yǎn</rt></ruby><ruby>睛<rt>jing</rt></ruby>

<ruby>大<rt>dà</rt></ruby><ruby>蓝<rt>lán</rt></ruby><ruby>洞<rt>dòng</rt></ruby>

<ruby>蓝<rt>lán</rt></ruby><ruby>洞<rt>dòng</rt></ruby>，<ruby>顾<rt>gù</rt></ruby><ruby>名<rt>míng</rt></ruby><ruby>思<rt>sī</rt></ruby><ruby>义<rt>yì</rt></ruby><ruby>就<rt>jiù</rt></ruby><ruby>是<rt>shì</rt></ruby><ruby>蓝<rt>lán</rt></ruby><ruby>色<rt>sè</rt></ruby><ruby>的<rt>de</rt></ruby><ruby>洞<rt>dòng</rt></ruby>，<ruby>它<rt>tā</rt></ruby><ruby>们<rt>men</rt></ruby><ruby>不<rt>bù</rt></ruby><ruby>在<rt>zài</rt></ruby><ruby>陆<rt>lù</rt></ruby><ruby>地<rt>dì</rt></ruby><ruby>上<rt>shang</rt></ruby>，<ruby>而<rt>ér</rt></ruby><ruby>是<rt>shì</rt></ruby><ruby>海<rt>hǎi</rt></ruby><ruby>底<rt>dǐ</rt></ruby><ruby>巨<rt>jù</rt></ruby><ruby>大<rt>dà</rt></ruby>、<ruby>突<rt>tū</rt></ruby><ruby>然<rt>rán</rt></ruby><ruby>下<rt>xià</rt></ruby><ruby>沉<rt>chén</rt></ruby><ruby>的<rt>de</rt></ruby>"<ruby>深<rt>shēn</rt></ruby><ruby>洞<rt>dòng</rt></ruby>"，<ruby>颜<rt>yán</rt></ruby><ruby>色<rt>sè</rt></ruby><ruby>呈<rt>chéng</rt></ruby><ruby>现<rt>xiàn</rt></ruby><ruby>昏<rt>hūn</rt></ruby><ruby>暗<rt>àn</rt></ruby>，<ruby>具<rt>jù</rt></ruby><ruby>有<rt>yǒu</rt></ruby><ruby>一<rt>yī</rt></ruby><ruby>种<rt>zhǒng</rt></ruby><ruby>蓝<rt>lán</rt></ruby><ruby>色<rt>sè</rt></ruby><ruby>调<rt>diào</rt></ruby>，<ruby>是<rt>shì</rt></ruby><ruby>海<rt>hǎi</rt></ruby><ruby>洋<rt>yáng</rt></ruby><ruby>一<rt>yī</rt></ruby><ruby>种<rt>zhǒng</rt></ruby><ruby>奇<rt>qí</rt></ruby><ruby>特<rt>tè</rt></ruby><ruby>的<rt>de</rt></ruby><ruby>景<rt>jǐng</rt></ruby><ruby>观<rt>guān</rt></ruby>，<ruby>它<rt>tā</rt></ruby><ruby>们<rt>men</rt></ruby><ruby>就<rt>jiù</rt></ruby><ruby>像<rt>xiàng</rt></ruby><ruby>海<rt>hǎi</rt></ruby><ruby>洋<rt>yáng</rt></ruby><ruby>深<rt>shēn</rt></ruby><ruby>邃<rt>suì</rt></ruby><ruby>的<rt>de</rt></ruby><ruby>蓝<rt>lán</rt></ruby><ruby>眼<rt>yǎn</rt></ruby><ruby>睛<rt>jing</rt></ruby>。

⬆ 从太空中看到的神秘的安德罗斯岛的大蓝洞

<ruby>伯<rt>bó</rt></ruby><ruby>利<rt>lì</rt></ruby><ruby>兹<rt>zī</rt></ruby><ruby>大<rt>dà</rt></ruby><ruby>蓝<rt>lán</rt></ruby><ruby>洞<rt>dòng</rt></ruby>

<ruby>伯<rt>bó</rt></ruby><ruby>利<rt>lì</rt></ruby><ruby>兹<rt>zī</rt></ruby><ruby>大<rt>dà</rt></ruby><ruby>蓝<rt>lán</rt></ruby><ruby>洞<rt>dòng</rt></ruby><ruby>毗<rt>pí</rt></ruby><ruby>邻<rt>lín</rt></ruby><ruby>委<rt>wěi</rt></ruby><ruby>内<rt>nèi</rt></ruby><ruby>瑞<rt>ruì</rt></ruby><ruby>拉<rt>lā</rt></ruby><ruby>灯<rt>dēng</rt></ruby><ruby>塔<rt>tǎ</rt></ruby><ruby>礁<rt>jiāo</rt></ruby>，<ruby>是<rt>shì</rt></ruby><ruby>一<rt>yī</rt></ruby><ruby>个<rt>gè</rt></ruby><ruby>垂<rt>chuí</rt></ruby><ruby>直<rt>zhí</rt></ruby><ruby>的<rt>de</rt></ruby><ruby>洞<rt>dòng</rt></ruby><ruby>穴<rt>xué</rt></ruby>。<ruby>世<rt>shì</rt></ruby><ruby>界<rt>jiè</rt></ruby><ruby>上<rt>shang</rt></ruby><ruby>有<rt>yǒu</rt></ruby><ruby>许<rt>xǔ</rt></ruby><ruby>多<rt>duō</rt></ruby><ruby>蓝<rt>lán</rt></ruby><ruby>洞<rt>dòng</rt></ruby>，<ruby>但<rt>dàn</rt></ruby><ruby>是<rt>shì</rt></ruby><ruby>伯<rt>bó</rt></ruby><ruby>利<rt>lì</rt></ruby><ruby>兹<rt>zī</rt></ruby><ruby>大<rt>dà</rt></ruby><ruby>蓝<rt>lán</rt></ruby><ruby>洞<rt>dòng</rt></ruby><ruby>堪<rt>kān</rt></ruby><ruby>称<rt>chēng</rt></ruby><ruby>世<rt>shì</rt></ruby><ruby>界<rt>jiè</rt></ruby><ruby>上<rt>shang</rt></ruby><ruby>最<rt>zuì</rt></ruby><ruby>大<rt>dà</rt></ruby><ruby>的<rt>de</rt></ruby><ruby>水<rt>shuǐ</rt></ruby><ruby>下<rt>xià</rt></ruby><ruby>洞<rt>dòng</rt></ruby><ruby>穴<rt>xué</rt></ruby>。<ruby>如<rt>rú</rt></ruby><ruby>今<rt>jīn</rt></ruby>，<ruby>这<rt>zhè</rt></ruby><ruby>里<rt>lǐ</rt></ruby><ruby>已<rt>yǐ</rt></ruby><ruby>成<rt>chéng</rt></ruby><ruby>为<rt>wéi</rt></ruby><ruby>闻<rt>wén</rt></ruby><ruby>名<rt>míng</rt></ruby><ruby>遐<rt>xiá</rt></ruby><ruby>迩<rt>ěr</rt></ruby><ruby>的<rt>de</rt></ruby><ruby>潜<rt>qián</rt></ruby><ruby>水<rt>shuǐ</rt></ruby><ruby>胜<rt>shèng</rt></ruby><ruby>地<rt>dì</rt></ruby>。

⬇ 全世界最大的水下洞穴——伯利兹大蓝洞完美的圆形洞口四周由两条珊瑚礁环抱着。

⬆ 伯利兹大蓝洞内游动的鲨鱼

直　径	304米
深　度	125米
地理位置	伯利兹外海约96.5千米

沸腾的洞

大蓝洞还有"世界上最惊人的水下洞穴和通道的入口"的称号。

巴哈马人称蓝洞为沸腾洞或喷水洞，这是因为有汹涌的潮流在洞口出入的缘故。涨潮时，洞口的水开始围绕着一个旋涡飞速旋动，能把任何东西吸入；落潮时，洞内喷出蘑菇形的水团。

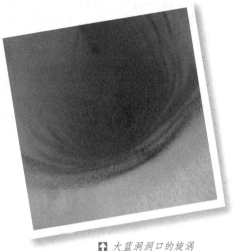
⬆ 大蓝洞洞口的旋涡

危险的探索

探秘蓝洞是件非常危险的事，由于水流非常急，潜水员只能在"憩流"时才能入洞，这个平静期仅持续20分钟，有很多潜水员因耗尽氧气而丧生于洞内。有的蓝洞还有神出鬼没的鲨鱼环伺左右。

⬆ 蓝洞探险

⬅ 蓝洞

世界上面积最大的沙漠
shì jiè shàng miàn jī zuì dà de shā mò

撒哈拉沙漠
sā hā lā shā mò

位于非洲北部的撒哈拉沙漠总面积约906.5万平方千米，几乎占满非洲北部全部，是世界最大的沙漠，其总面积约容得下整个美国。在阿拉伯语中，撒哈拉意即"大荒漠"。

⬆ 撒哈拉沙漠的植物

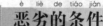

恶劣的条件

撒哈拉沙漠形成于250万年前，仅次于南极洲，成为世界上第二大荒漠。这里的气候条件非常恶劣，土壤有机物含量低，是地球上最不适合生物生存的地方之一。

⬆ 撒哈拉沙漠羚羊

东西长	5 600千米
南北宽	1 600千米
总面积	906.5万平方千米
昼夜温差	35℃
地理位置	非洲北部

动物的世界

撒哈拉沙漠气候炎热干燥，但是还是有很多可爱的动物喜欢把家安在这里，如大蜥蜴、蛇、沙鼠、跳鼠和荒漠刺猬、镰刀形角大羚羊等。此外，还有300多种鸟类。

撒哈拉大蜥蜴

撒哈拉的植被

耐旱的植物

撒哈拉沙漠的植被相对稀少，这里生长的都是一些非常耐旱的植物。如生长在高地的油橄榄、柏和玛树，适合在盐洼地生长的马伴草和耐盐植物，而且在绿洲洼地四周还散布有成片的青草、灌木和树。

极端的气候

撒哈拉沙漠的气候非常极端，它有世界上最高的蒸发率，并且有一连好几年没降雨的最大面积纪录。气温在海拔高的地方可达到霜冻和冰冻地步，而在海拔低处可有世界上最热的天气。

liú shā miàn jī zuì dà de shā mò
流沙面积最大的沙漠

tǎ kè lā mǎ gān shā mò
塔克拉玛干沙漠

tǎ kè lā mǎ gān shā mò wèi yú zhōng guó xīn jiāng
塔克拉玛干沙漠位于中国新疆
de tǎ lǐ mù pén dì zhōng yāng　　zhěng gè shā mò dōng
的塔里木盆地中央，整个沙漠东
xī cháng　　　yú qiān mǐ　　nán běi kuān　　duō qiān
西长 1 000余千米，南北宽400多千
mǐ　　zǒng miàn jī　　wàn píng fāng qiān mǐ　　shì
米，总面积33.76万平方千米，是
zhōng guó jìng nèi zuì dà de shā mò　　yě shì quán shì jiè
中国境内最大的沙漠，也是全世界
dì èr dà de liú dòng shā mò　　　liú shā miàn jī shì jiè
第二大的流动沙漠，流沙面积世界
dì yī
第一。

↑ 塔克拉玛干沙漠的卫星图片

liú dòng shā qiū
流动沙丘

tǎ kè lā mǎ gān shā mò liú dòng shā qiū
塔克拉玛干沙漠流动沙丘
de miàn jī hěn dà　　　shā qiū gāo dù yī bān zài
的面积很大，沙丘高度一般在
　　　　　　　mǐ　　shòu xī běi hé nán běi liǎng gè
100~200米。受西北和南北两个
shèng xíng fēng xiàng de jiāo chā yǐng xiǎng　　fēng shā huó
盛行风向的交叉影响，风沙活
dòng shí fēn pín fán ér jù liè　　liú dòng shā qiū zhàn
动十分频繁而剧烈，流动沙丘占
　　　　　yǐ shàng　　jù cè suàn dī ǎi de shā qiū měi
80%以上，据测算低矮的沙丘每
nián kě yǐ dòng yuē　　mǐ
年可移动约20米。

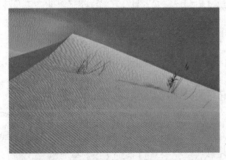

↑ 塔克拉玛干沙漠的沙丘

最高气温	67.2℃
昼夜温差	40℃
平均降水量	不超过100毫米
面　积	33.76万平方千米
地理位置	位于新疆南部塔里木盆地

↓ 塔克拉玛干沙漠

大陆性气候

塔克拉玛干沙漠是最神秘、最具有诱惑力的一个沙漠，这里是典型的大陆性气候，风沙强烈，最高温度达67.2℃，昼夜温差达40℃以上；全年降水少，平均年降水不超过100毫米，最低只有四五毫米。

⬆ 塔克拉玛干沙漠盐碱地

绿色走廊

⬆ 胡杨林

在沙漠的四周，沿叶尔羌河、塔里木河、和田河两岸，生长发育着密集的胡杨林和柽柳灌木，形成"沙海绿岛"，特别是纵贯沙漠的和田河两岸，生长芦苇、胡杨等多种沙生野草，构成沙漠中的"绿色走廊"。

植物和动物

沙漠里也有少量的植物，其根系异常发达，超过地上部分的几十倍乃至上百倍，以便汲取地下的水分；那里的动物有夏眠的现象。

⬇ 塔克拉玛干沙漠的戈壁

世界上最古老的沙漠

纳米布沙漠

纳米布沙漠位于纳米比亚和安哥拉境内，总面积为50 000平方千米，宽度50~160千米不等，是世界上最古老、最干燥的沙漠之一，干旱和半干旱的气候已持续了最少8千万年。

⬆ 最古老的红色沙漠

南北差异

纳米布沙漠被凯塞布干河分成两个部分，南面是一片浩瀚的沙海，里面有新月形、笔直状以及星形的沙丘，有些高达200米；北面是多岩的砾石平原，气温通常在10℃~16℃之间，是最凉爽的沙漠。

⬆ 纳米布沙漠起伏的沙丘

干燥的气候

从大西洋吹向该地区的空气经过寒冷的本吉拉洋流后变得干燥并冷却下沉，形成干旱气候。沙漠每年的降雨量少于10毫米，几乎寸草不生。

⏶ 纳米布沙漠的河床

⏶ 干燥的纳米布沙漠

人烟稀少

纳米布沙漠很大一部分完全没有土壤，表面是一些基岩，上面覆盖着流沙。这里的可耕地限制在洪泛区和主要河流的阶地，时常受泛滥之灾。因此除了几个城镇外，几乎杳无人烟。

特殊的植物

在这个沙漠上生长着一种特殊的植物叫"百岁兰"，能存活2 000年，可长到4米高，但露出地面的部分矮小，只有两片皮革般的带状叶子，所需的水分从叶子吸入。

⏶ 纳米布沙漠的特有植物——百岁兰

全 长	1 900千米
宽 度	50~160千米
面 积	50 000平方千米
最高气温	32℃
地理位置	非洲西南部大西洋沿岸干燥区

火星在地球上的投影

阿塔卡马沙漠

阿塔卡马沙漠是南美洲西海岸中部的沙漠地区，长约1 100千米，总面积约为181 300平方千米，气候干燥，寸草不生，被公认为世界上最荒芜的地区之一。由于这里的地表环境和火星十分相似，所以被称为"火星在地球上的投影"。

⬆ 阿塔卡马沙漠的鸟类

⬆ 阿塔卡马沙漠中的泛美公路边的一座雕塑——沙漠之手

世界"旱极"

由于沙漠北部紧挨的安第斯山如同一道屏障，阻挡了亚马孙河的潮湿空气南下，所以这里的气候异常干燥，平均年降水量3毫米，而周围大部分地方更是40年至100年没有下过雨，阿塔卡马沙漠因此而被称为世界"旱极"。

长　度	1 100千米
海拔高度	610米
总面积	181 300平方千米
昼夜温差	70℃
地理位置	南美洲西海岸

死亡之地

阿塔卡马沙漠的阿里卡是地球上最接近火星的自然环境。这里土壤荒瘠、强酸性，由一连串盐碱盆地组成，几乎没有植物，甚至没有细菌生存，是名副其实的"死亡之地"，这都是因为缺水造成的。

⬆ 阿塔卡马沙漠

⬆ 在智利北部的阿塔卡马沙漠中遍布奇怪的巨石，它们的表面像被打磨过一样光滑。

美丽的"月亮谷"

虽然干旱，但大自然的鬼斧神工塑造出了迷人景致。在沙漠中还有一个叫"月亮谷"的地方，其地理构造如同月球一样，人们可以在那里欣赏美丽的落日和由盐渗透、侵蚀而成的天然雕塑。

⬇ 月亮谷

彩绘沙漠

佩恩蒂德沙漠

佩恩蒂德沙漠是位于美国亚利桑那州北部的一个地理景观。它占地19 400平方千米，绵延长达240千米，最宽处可达80千米，由色彩缤纷的地层小丘所组成，像是一幅色彩艳丽的油彩画，因此又被称为"彩绘沙漠"。

⬆ 五彩缤纷的沙漠

五彩的分层蛋糕

佩恩蒂德沙漠是经历了数百万年的自然作用而形成的奇特景观，它每一层的颜色都不相同，如红色、灰色、黄色等，因此被人们誉为"五彩缤纷的分层蛋糕"。

色彩的秘密

佩恩蒂德沙漠之所以会呈现出不同的颜色，是因为沙漠的层状结构是由易受侵蚀的沙泥岩、泥石和泥板岩构成的，这些岩石含有丰富的铁矿物，所以就呈现出不同的颜色了。

长　度	240千米
宽　度	24~80千米
海　拔	1 370~1 980米
总面积	19 400平方千米
地理位置	美国亚利桑那州北部

沙声悦耳

会"唱歌"的沙丘

在这个千奇百怪的地球上，存在着很多奇特的现象，不仅有会发声的石头，而且还有会"唱歌"的沙丘呢！当风吹沙的时候，辽阔的沙漠上还会响起各种悦耳的声音，有的如银铃叮当，有的如汽车轰鸣，有的如犬吠，有的如手风琴拉出的低沉的乐声，真是让人如痴如醉！

⬆ 会"唱歌"的沙丘

声音的来源

原来这些动人的声音，是在天气晴朗或风沙吹起的时候，由那些直径为0.4毫米左右的石英砂产生的。砂粒越干燥声音就越大。在潮湿、雨天以及冬天，砂粒就不会发出声音了。

⬆ 鸣沙

➡ 中国的敦煌鸣沙山

zhēn zhèng de bù máo zhī dì
真正的不毛之地

bā dé lán zī liè dì jǐng guān
巴德兰兹劣地景观

dì kuà měi guó nán dá kē tā zhōu xī nán jí nèi bù
地跨美国南达科他州西南及内布
lā sī jiā zhōu xī běi de bā dé lán zī dì qū shì míng
拉斯加州西北的巴德兰兹地区，是名
fù qí shí de liè dì   tā yóu dāo fēng bān de shān
副其实的"劣地"。它由刀锋般的山
jǐ shēn gōu xiá zhǎi de píng dǐng shān yǐ jí yí wàng wú
脊、深沟、狭窄的平顶山以及一望无
yín de shā mò zǔ chéng   bù dàn qì hòu yán rè   ér qiě
垠的沙漠组成，不但气候炎热，而且
yí piàn huāng liáng de jǐng xiàng
一片荒凉的景象。

xíng chéng yuán yīn
形成原因

wàn nián qián   zhè lǐ shì yí piàn   wàn
8 000万年前，这里是一片1.55万
píng fāng qiān mǐ de qiǎn hǎi   hòu lái luò jī shān mài zài lóng
平方千米的浅海，后来落基山脉在隆
qǐ de tóng shí yě jiāng zhè ge dì qū tái shēng   cóng cǐ hǎi
起的同时也将这个地区抬升，从此海
yáng xiāo shī   zhè yí dì qū de yán céng bù duàn zāo dào yǔ
洋消失。这一地区的岩层不断遭到雨
shuǐ de qīn shí   jiù biàn de qǐ fú bù píng le
水的侵蚀，就变得起伏不平了。

↑ 巴德兰兹

长 度	160千米
宽 度	80千米
海 拔	2 207米
形成时间	8 000万年前
地理位置	美国南达科他州西南

荒野上的生命

这片恶劣之地长160千米、宽80千米，夏天酷热难当，冬季则寒冷彻骨。虽然气候恶劣但并非寸草不生，在岩坡上有一些刺柏攀附着，小溪旁与盆地中也有顽强的小草、白杨和野花。

⬆ 巴德兰兹也有少量的植被生长

⬆ 巴德兰兹的岩石很奇特

生物化石的遗迹

在这片荒凉之地的地表下埋藏着大量的生物化石。包括剑齿类虎、剑齿猫、三趾类马以及小骆驼，还有一种头顶上长着长圆状壳，并且有些像鱿鱼的动物，现在已经绝种了。

苏族人的居住地

虽然巴德兰兹劣地是北美最大的荒原，但数个世纪以来，却一直是印第安人苏族部落生活的区域。他们以捕食野牛为生，野牛为他们提供了日常生活所需的大部分器物。

锋利的割刀
fēng lì de gē dāo

钦吉岩地
qīn jí yán dì

在马达加斯加北部末端处是一个名叫钦吉的岩地，它呈刀削般针状，参差不齐地排列着，以致人们走在上面时最坚韧的皮靴也很快被撕成碎条。如果踏空一步，则可能会将整条腿的皮擦掉。

↑ 钦吉岩地

形成原因
xíng chéng yuán yīn

其实，这里的岩石属于石灰岩，多少年来大雨侵蚀了那些较软的岩石，只留下硬针状岩直立于地面之上。水渗入岩层形成了地下河流，在地表下挖空形成了深洞和水道。

⬆ "钦吉"这个名字是当地的马尔加什人取得，因为人们碰击这些岩石时，岩石会发出一种沉闷的当啷声，即当地人所说的"钦吉"声。

⬆ 钦吉岩地的岩石针状体排立得密密麻麻，使人无法插足其间。

qiān nián bù dǎo
千年不倒

mǎ tuō bō shān de píng héng yán
马托波山的平衡岩

zài jīn bā bù wéi de xī nán miàn yǒu yī zuò mǎ tuō bō
在津巴布韦的西南面有一座马托波

shān shān shang yǒu yī xiē yóu hé liú qīn shí jīng fēng huà hòu
山，山上有一些由河流侵蚀，经风化后

xíng chéng de tiān rán shí tǎ yóu yú zhè xiē yán shí dōu yǐ yī
形成的天然石塔。由于这些岩石都以一

dìng de jiǎo dù qí tè de duī jī zhe ér qiānnián bù dǎo yīn
定的角度，奇特地堆积着而千年不倒，因

cǐ rén menchēng qí wéipínghéng shí
此人们称其为平衡石。

➡ 平衡岩看起来好像一阵
风就会将之吹倒，然而它们已经
竖立数千年而没有倒下

qiān nián bù dǎo
千年不倒

zhè xiē píng héng yán xíng chéng yú yì nián qián qí
这些平衡岩形成于33亿年前，其

zhǔ yào chéng fèn shì huā gǎng yán tā men shì róng yán cóng
主要成分是花岗岩。它们是熔岩从

dì xià pēn yǒng chū lái jīng guò lěng què
地下喷涌出来，经过冷却

níng gù hòu xíng chéng de jù dà de shān
凝固后形成的巨大的山

qiū tā men kàn qǐ lái xiàng shì yī zhèn
丘，它们看起来像是一阵

fēng jiù néng chuī dǎo dàn què zài zhè lǐ yì
风就能吹倒，但却在这里屹

lì le qiān nián
立了千年。

⬆ 平衡岩

巨人之路
jù rén zhī lù

巨人岬
jù rén jiǎ

巨人岬位于英国北爱尔兰的安特里姆平原边缘，它由数万根大小均匀的玄武岩石柱聚集成一条绵延数千米的堤道，数千年如一日地屹立在大海之滨，被称为"巨人之路"。1986年被联合国教科文组织列入《世界自然遗产名录》。

巨人岬六边形石柱的形状很规则，看起来好像是人工凿成的，其实是大自然的杰作。

位于海边的巨人岬

天然奇观

巨人岬由3.7万多根六边形或五边形、四边形的石柱组成，其形状很规则，看起来好像是人工凿成的。它们井然有序、美轮美奂的造型，磅礴的气势令人叹为观止。

岩石构成

组成"巨人之路"的石柱横截面宽度在37~51厘米之间，典型宽度约为0.45米，延续约6 000米长，呈不同的多边形，岬角最宽处宽约12米，最窄处仅有三四米，这也是石柱最高的地方。

⬆ 有些石柱已被风和水磨蚀成平滑的形状，但仍能清晰地看到它们中有许多呈六边形。

⬆ 实际上这些石头完全是一种天然的玄武岩。

好听的名字

站在一些比较矮小的石块上，可以看到它们的截面都是很规则的正多边形。不同石柱的形状具有形象化的名称，如"烟囱管帽""大酒钵"和"夫人的扇子"等。

最大石化森林集中地

石化林

美国亚利桑那州的彩绘沙漠内是广泛散布的石化木和石化树的集聚地。这些石化木是大自然在很特殊的环境下创造出来的，由来自火山灰的氧化硅溶于水并且渗入树木中，变成晶体而形成的。

⬆ 美国石化林国家公园

石化林国家公园

石化林国家公园是世界上最大、最绚丽的石化森林集中地之一。这里的化石有2.25亿年的历史，每一块石化木都与众不同，有些巨大的树干依然保留着年轮，可看出它们在史前时代的树龄。

⬆ 美国石化林国家公园散落的石化木

天空之城
tiān kōng zhī chéng

梅特奥拉石林
méi tè ào lā shí lín

梅特奥拉石林号称"希腊的石林"，位于希腊北部品都斯山。高耸的24个庞大的石柱，呈90度垂直的悬崖，云端的修道院，俨然一座太空之城，让人不得不慨叹大自然的神奇功力。这就是梅特奥拉，它名字的意思就是"在云端徘徊"。

↑ 气势壮观的梅特奥拉石林是经过长年累月的水、风、热和冰冻侵蚀而形成的。

↑ 梅特奥拉石林

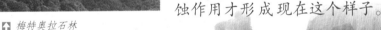
岁月的力量
suì yuè de lì liàng

如今，这些优美的石塔顶上建有很多修道院。但在6 000万年前，这里却是一个岩石海床，后经强烈的地壳运动而抬升，同时产生崩裂，然后再经过侵蚀作用才形成现在这个样子。

阿诗玛的故乡
ā shī mǎ de gù xiāng

路南石林
lù nán shí lín

路南石林是云南著名的景观，位于云南石林彝族自治县，距昆明72千米，总面积400平方千米，是传说中阿诗玛的故乡，与居住在这里的彝族风情相辉映，被誉为"天下第一奇观"。

⬆ 大自然最美丽动人的景色，都集中在350平方千米的保护区里。

景观众多
jǐng guān zhòng duō

⬆ 美丽的路南石林

⬇ 石林是由喀斯特地貌形成的。

云南路南石林所在的路南县是我国岩溶地貌比较集中的地区，全县共有石林面积400平方千米。景区由大小石林、乃古石林、大叠水、长湖、月湖、芝云洞、奇风洞7个风景片区组成。

地下天宫

石林里有神奇瑰丽的地下溶洞，人们称之为"地下天宫"，如位于路南县城东15千米的长湖，湖中有蓬莱岛，湖底布满参差错落的石笋、石柱。

⬆ 石林的地下部分

⬆ 路南石林湖泊

黑色巨石群

石林遍布着上百个黑色大森林一般的巨石群，占地数十亩、上百亩不等。有的纵横交错连成一片，有的独立成景，它们拔地而起，参差峥嵘，千姿百态，巧夺天工，堪称"天下一绝"。

壮丽的瀑布

从高处观看，可以看到气势磅礴的大叠水瀑布隐藏在万绿丛中，在脚下翻腾跳跃，响声如雷贯耳，水花纷飞如杨花吐絮。如果从高处往下走，就像是要去海底观龙宫一样，令人惊喜不断。

山水甲天下
shān shuǐ jiǎ tiān xià

桂林山水
guì lín shān shuǐ

位于中国广西东北部的桂林是世界著名的风景游览城市，有着举世无双的喀斯特地貌。这里的山水一向以山青、水秀、洞奇、石美而享有"山水甲天下"的美誉，包括山、水、喀斯特岩洞、古迹、石刻等。

⬆ 桂林的山危峰兀立，怪石嶙峋。

⬆ 桂林山水甲天下

人间仙境
rén jiān xiān jìng

桂林的山，平地拔起，千姿百态；漓江的水，蜿蜒曲折，明洁如镜；山多有洞，洞幽景奇；洞中怪石，鬼斧神工，琳琅满目，可谓是人间仙境，吸引无数游人前来观赏。

⬇ 桂林阳朔美景

人文景观

桂林的奇山秀水吸引着无数的文人墨客，他们写下了许多脍炙人口的诗篇和文章，在石壁可以看到很多壁书和雕刻。这些独特的人文景观，使桂林得到了"游山如读史，看山如观画"的赞美。

如诗如画的桂林山水

凉爽的气候

桂林是湿润的季风气候，光照充足，四季分明，气候凉爽。年平均气温只有19.8℃，最热的时候也就28.5℃。这里的年均降雨量为1 926毫米，也有降雪，但是持续时间都很短。

桂林山水

人在画中游

桂林尤以漓江之水最为闻名，江水泛着细细的涟漪，玉塔微澜，水色晶莹剔透，加上两岸竹林婀娜多姿，山水相映成趣，像一幅长长的山水画，有"舟行碧波上，人在画中游"的感觉。

漓江上的木筏和捕鱼人、鸬鹚，使桂林山水透着一种传统的原始美。

泰国的"小桂林"
攀牙湾

攀牙湾位于泰国普吉岛东北75千米处，是普吉岛及周边地区风景最美丽的地方，被誉为泰国的"小桂林"。这里遍布着诸多大小岛屿，怪石嶙峋，景色变幻万千，堪称"世界奇观"。

⬆ 攀牙湾著名的"大白菜石"

形状万千

攀牙湾是一个风景优美的地方，波光粼粼。淡绿色的水面上奇峰怪石星罗棋布，有的从水中耸起数百米，有的看上去像驼峰，有些则像倒置栽种的大白菜，景色绮丽无比。

⬆ 由两面山峰倾斜地相叠一起的屏干岛山壁如削，平滑如镜，称为依靠山。

⬆ 攀牙湾山峰耸峙，海景如画，风光雄浑壮丽，酷似桂林的山水。

岩石绘画
yán shí huì huà

石灰岩布满了洞穴的地下通
道，有些石灰岩崖壁上覆盖着古
画，上面绘有古代的人物、动物和
鱼等。在溶洞和地下通道里，从顶
上挂下称为"钟乳石"的石灰岩
长柱，好看极了。

⬆ 攀牙湾洞穴岩画

天然奇景
tiān rán qí jǐng

这里的占士邦岛、铁钉岛、钟乳
岛等都以天然奇景而名声在外，尤其
是占士邦岛，因为007系列电影曾在此
取景，因此被称为"007岛"。据说
这里还有一块不久会消失的奇怪的石
头——"大白菜石"呢。

⬆ 攀牙湾的石灰岩长柱

⬇ 攀牙湾007岛

111

类月地貌

卡帕多西亚石窟群

卡帕多西亚石窟群位于土耳其首都安卡拉东南约220千米处。这里有世界上独一无二的如月球般荒凉诡异的地貌，连绵数千米的洞穴、地道以及数百座完整的地下城市。1985年联合国教科文组织将其作为文化与自然遗产，列入《世界遗产名录》。

⬆ 卡帕多西亚石窟群景色壮观

地形地貌

卡帕多西亚是由远古时代的5座大火山喷发出来的熔岩构成的火山岩高原，面积近4 000平方千米。这里有火山岩切削成的几百座金字塔般的尖岩，无数悬崖、深谷，景色壮观。

⬇ 卡帕多西亚石窟群是由百万年前的火山喷发造就了地球上这个独一无二的类月地貌

山谷中的教堂

在卡帕多西亚的每一座山谷里都有一座教堂，大概有1 000座。这些山谷被巧妙地挖凿成带有穹顶、圆柱和拱门的十字形状；在洞壁、穹顶和圆柱上，还装饰有美不胜收的壁画。

↑ 岩石教堂

↑ 古代洞穴

绝妙的建筑

从外表上看，这些修道院和教堂贫瘠粗陋，然而里面别有洞天，镶嵌有精美的壁画、优雅的圆形廊柱以及华丽的装饰。这里，无论是居民住所、隐居村落，还是地下城镇，都代表了拜占庭艺术精华，是人类历史文化长廊中的瑰宝。

地下城

卡帕多西亚不仅拥有令人惊叹的岩石教堂，在地表以下还隐藏着一个巨大的"地下城市"。在已发现的36座地下城中，规模较大的德林库尤地下城有18至20层，一直深入70至90米的地下，而且通风系统良好。

mó guǐ de huā yuán
魔鬼的花园

cǎi hóng qiáo shí gǒng mén
彩虹桥石拱门

cǎi hóng qiáo shí gǒngmén wèi yú měi guó yóu tā zhōu shí
彩虹桥石拱门位于美国犹他州石
gǒngmén guó jiā gōng yuán zhōng zài zhè lǐ bǎo cún zhe liǎng qiān
拱门国家公园中，在这里保存着两千
duō gè shí gǒngmén tā men bèi chēng wéi mó guǐ de huā
多个石拱门，它们被称为"魔鬼的花
yuán zhè xiē shí gǒngmén dōu shì zì rán xíng chéng de
园"，这些石拱门都是自然形成的，
zuì gāo de kě dá mǐ ne ér cǎi hóng qiáo shì shì jiè
最高的可达88米呢。而彩虹桥是世界
shang zuì dà de tiān rán shí qiáo
上最大的天然石桥。

▲ 拱门国家公园的石拱门

▲ 直到今天，新的拱门仍在持
续制造中；反之，老拱门也在逐渐
走向毁灭。

shèng dì
圣地

cǎi hóng qiáo yóu yú xíng sì cǎi hóng yòu héng kuà tuān jí de
彩虹桥由于形似彩虹，又横跨湍急的
xì liú zhī shàng ér dé míng gāi qiáo kuà dù mǐ hé chuáng gāo
溪流之上而得名，该桥跨度83米，河床高
mǐ yì zhí bèi yìn dì ān rén shì wéi shèng dì
87米，一直被印第安人视为圣地。

拱门聚集地

拱门国家公园是世界上最大的自然砂岩拱门集中地之一，光是编入目录的就超过2 000个，其中最小的只有1米宽，最大的则长达102米。而且这里不只有拱门，还有为数众多的大小尖塔、基座和平衡石等奇特的地质特征；所有的石头上更有着颜色对比非常强烈的纹理。

⬆ 雄伟壮观的拱门

形成过程

在三亿年前这里曾是一片汪洋，海水消失以后盐床和其他碎片挤压成岩石并且越来越厚。之后，盐床底部不敌上方的压力而破碎，经过地壳隆起变动，加上风化侵蚀，就形成了一个个拱形石头。

⬆ 石头纹理美丽

⬇ 彩虹桥拱门

会变脸的巨石
huì biàn liǎn de jù shí

艾尔斯巨石
ài ěr sī jù shí

有 "人类地球上的肚脐" 之 称
yǒu rén lèi dì qiú shang de dù qí zhī chēng
的艾尔斯岩位于澳大利亚大陆的 正
de ài ěr sī yán wèi yú ào dà lì yà dà lù de zhèng
中央，它孤零零地奇迹般地凸起在
zhōng yāng tā gū líng líng de qí jì bān de tū qǐ zài
荒 凉无垠的平坦荒漠之中，好似一
huāng liáng wú yín de píng tǎn huāng mò zhī zhōng hǎo sì yī
座超越时间与空间的天然丰碑，被誉
zuò chāo yuè shí jiān yǔ kōng jiān de tiān rán fēng bēi bèi yù
为 "世界七大奇景" 之一。
wéi shì jiè qī dà qí jǐng zhī yī

艾尔斯巨石又名乌卢鲁巨石，意思是 "见面集会的地方"。

从空中俯瞰艾尔斯巨石

长	3.6千米
宽	2千米
海拔	348米
周长	9千米
地理位置	澳大利亚中部

最大的独体岩
zuì dà de dú tǐ yán

艾尔斯巨石已有4亿年~6亿年的
ài ěr sī jù shí yǐ yǒu yì nián yì nián de
历史，基围周长约9千米，海拔867
lì shǐ jī wéi zhōu cháng yuē qiān mǐ hǎi bá
米，距地面的高度为348米，长3 000
mǐ jù dì miàn de gāo dù wéi mǐ cháng
米，是世界上最大的独体岩，每年有
mǐ shì shì jiè shang zuì dà de dú tǐ yán měi nián yǒu
超过十万人从世界各地前来观赏它的
chāo guò shí wàn rén cóng shì jiè gè dì qián lái guānshǎng tā de
风采。
fēng cǎi

▲ 夕阳下的艾尔斯巨石

红石

艾尔斯巨石底面呈椭圆形，形状有些像两端略圆的长面包。艾尔斯主要成分是砾石，含铁量高，其表面因被氧化而发红，整体呈红色，因此又被称作红石。

奇特的"变脸术"

艾尔斯巨石是由长石砂岩构成，能随太阳高度的不同而变色。这块岩石在日落时分最令人惊艳，在夕阳的照射下它会呈现火焰般的橙红色，因此被称为"会变脸的巨石"。

▲ 早上的艾尔斯岩石呈黄色

身世之谜

这块世界上独一无二的巨大岩石究竟是从何而来呢？有人说是数亿年前从太空坠落下来的流星石，有人说是1.2亿年前与澳大利亚大陆一起浮出水面的深海沉积物，至今科学家都没有破解这个谜题。

▲ 艾尔斯岩石长期受风化侵蚀和雨水的冲刷，使其顶部圆滑光亮，并在四周陡崖上形成了一些自上而下的宽窄不一的沟槽和浅坑。

凝固的波浪

波浪岩

波浪岩是澳大利亚的一种巨大岩层，属于海登岩北部最奇特的一部分。它高达15米，长度约100米，远远看去就像一片席卷而来的波涛巨浪，因而被形象地称作"波浪岩"。

长　度	100米
海　拔	15米
地理位置	澳大利亚西部

⬆ 波浪岩

⬆ 波浪岩由花岗岩石构成的

串联起来的岩石

澳大利亚波浪岩并不是一个独立的岩石，它将北边的海登石及其状似河马张口的河马岩、骆驼岩等连接在一起，这些风化的岩石如今已经成为西澳大利亚的地标了。

色彩斑斓的条纹

这些岩石在阳光的照射下闪闪发光，非常迷人。这主要是岩石在雨水的冲刷下，一些矿物质和化学物在岩壁上留下了一条条红褐色、黑色、黄色和灰色的条纹，在太阳下会发出光亮。

⬆ 午后是波浪岩一天当中线条颜色最鲜明的时候。

⬆ 美丽的波浪岩

身世由来

令人难以想象的是，在27亿年前，这块屹立在光秃、干燥的土地上的岩石，有一部分是深藏在地下的。后来在地下水的侵蚀和风化的作用下，才形成现在这个样子。

⬇ 站在波浪岩的面前，你不得不惊叹大自然的鬼斧神工有多么厉害！

墨西哥草帽石

莫纽门特谷地

墨西哥草帽石位于美国犹他州圣胡安县中南部莫纽门特谷地的附近，它由铁锈色的岩石构成，因为外形像一顶草帽，故而得此名。

↑ 草帽石是莫纽门特谷地的特色

奇特的"手套"

在莫纽门特谷地，还有一种高达数百米，看起来像一副"连指手套"的手套岩。它由铁锈色的岩石构成，手指向上，样子非常奇特，像是在为人们指引方向。

形成过程

2.5亿年前，该区域覆盖着砂岩，上面是一个浅海。泥沙沉淀下去，逐渐变成页岩。水慢慢地干涸，地壳发生强烈的运动后，层层岩石被风雨侵蚀，结果就形成了这些石塔、台地以及宽大的地垛。

⬆ 莫纽门特谷地的砂岩

气候干燥

⬆ 莫纽门特谷地的灌木

莫纽门特谷地风景优美，但由于气候干燥，全年雨量往往少于200毫米，所以不适宜动植物生长。仅有的植物是灌木以及几个月没有水也能存活的仙人掌。

攀爬的小道

这里有很多由红色砂岩构成的草帽石，为了满足那些希望沿着基座攀爬到墨西哥草帽"帽檐"上的游客，石头上都有一些小径，很有诱惑力！

⬆ 墨西哥草帽石

huì yí dòng de duàn céng
会移动的断层

shèng ān dé liè sī duàn céng
圣安德烈斯断层

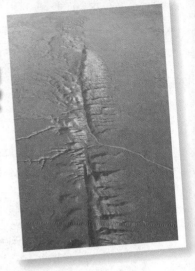

shèng ān dé liè sī duàn céng shì liǎng dà gòu zào bǎn kuài zhī jiān de
圣安德烈斯断层是两大构造板块之间的
duàn liè xiàn guàn chuān yú měi guó jiā lì fú ní yà zhōu shì dì qiú
断裂线，贯穿于美国加利福尼亚州，是地球
biǎo miàn zuì cháng hé zuì huó yuè de duàn céng zhī yī zài zhè lǐ běi
表面最长和最活跃的断层之一。在这里，北
měi bǎn kuài zhèng zài xiàng běi yí dòng ér tài píng yáng bǎn kuài zé zhèng zài
美板块正在向北移动，而太平洋板块则正在
xiàng nán yí dòng
向南移动。

↑ 圣安德烈斯断层局部卫星图片

↑ 圣安德烈斯断层的植被

yōu jiǔ de lì shǐ
悠久的历史

shèng ān dé liè sī duàn céng cháng yuē
圣安德烈斯断层长约1 050
qiān mǐ shēn rù dì miàn yǐ xià yuē qiān mǐ
千米，深入地面以下约16千米，
chǔ yú xiàng xī běi yùn dòng de běi měi zhōu bǎn kuài hé
处于向西北运动的北美洲板块和
xiàng xī nán yùn dòng de tài píng yáng bǎn kuài biān yán
向西南运动的太平洋板块边沿，
xì jiāo cuò jǐ yā xíng chéng de zhuǎn huàn duàn céng xíng biān
系交错挤压形成的转换断层型边
jiè qí cún zài de shí jiān yǐ jīng chāo guò
界，其存在的时间已经超过2 000
wàn nián
万年。

↓ 圣安德烈斯断层的附近地区易受地震的影响。

不断地移动

　　圣安德烈斯断层两边的板块正在以每年25毫米的速度相互冲撞，北美板块正在向北移动，而太平洋板块则正在向南移动。有时，它们的通道平滑，平安无事；有时，会相互间摩擦或碰撞。当发生断裂、脱落时，便可能引发大地震。

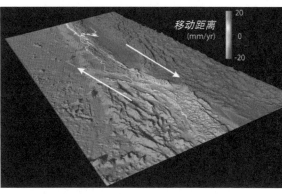

⬆ 圣安德烈斯断层活动示意图

巨大的能量

　　断层间蓄积着很大的压力，如果一次性释放，将会产生8级地震的能量，也就是说大约等于1906年旧金山大地震时的震级。不过，在南部地区每200到300年才发生一次地震。

⬆ 圣安德烈斯断层局部

⬇ 圣安德烈斯断层被地学科学家们称为人类观察地球内部的窗口之一。

世界上最大的沼泽地
shì jiè shang zuì dà de zhǎo zé dì

苏德沼泽
sū dé zhǎo zé

⬆ 在沼泽里捕鱼的苏丹人

苏德沼泽是苏丹中南部沼泽低地，由白尼罗河形成，宽320千米，长400千米，面积达30 000平方千米，雨季时面积增加至超过130 000平方千米，是全球面积最大的湿地之一，也是尼罗河流域最大的淡水湿地。

⬆ 苏德沼泽

地理概况
dì lǐ gài kuàng

苏德沼泽是白尼罗河及其支流加扎勒河、朱尔河、通季河等汇流地区。这里地势低平，流速转缓，河网密集，当河水大为泛滥时，就会形成大片沼泽地，是非洲主要湿地之一。

⬆ 苏德沼泽地区的绝美风光

长 度	400千米
宽 度	320千米
面 积	30 000平方千米
地理位置	苏丹中南部

野生群落

广阔的苏德沼泽地是非洲最难得的野生栖息地，这里有阵容浩大的野生动物群落，如羚羊等。但由于近年来环境的污染和人类无止境的捕杀，数量在逐渐减少，很多野生动物甚至面临灭亡的危险。

↑ 苏德沼泽的羚羊

琼莱运河

20世纪80年代，这里建成了380千米长的琼莱运河，其长度相当于苏伊士运河的两倍。运河的建成不仅为作物提供了灌溉，有助于增加埃及的水供应，而且还绕过了苏德沼泽。

↑ 苏德沼泽的大象

雨季的气势

每年5到10月的雨季，河水漫溢，一片汪洋，沼泽面积变大，和一个爱尔兰的面积差不多，附近部落会以芦苇编成浮岛，在浮岛上捕鱼，形成一种浮动式捕鱼营地。

↓ 苏德沼泽上的芦苇浮岛

被草覆盖的河

佛罗里达大沼泽地

佛罗里达大沼泽地位于美国佛罗里达州南部，是美国最有名的湿地，也是世界上最独特的湿地生态系统。联合国教科文组织和湿地公约将其列为世界上最重要的三个湿地之一。

↑ 佛罗里达大沼泽地的松树林

草木旺盛

佛罗里达大沼泽地包括大片的草地沼泽，有一个2 100平方千米的海湾，生长着大量的水草，因此被称为"被草覆盖的河"，除此之外，这里还有壮观的松树林和星罗棋布的红树林，一片生机勃勃的景象。

↑ 佛罗里达大沼泽地的红树林

长度	160千米
宽度	97千米
面积	5 670平方千米
地理位置	美国佛罗里达州

重要的湿地

佛罗里达大沼泽地主要依靠自身水分蒸发和植物释放的水汽，形成降雨，维持水分的平衡。1987年6月列入国际重要湿地，是美国首批列入国际重要湿地名录的湿地。

⬆ 大沼泽地的鳄鱼吃龟

⬆ 大沼泽地的白鹭

野生动物保护地

这里是美国本土上最大的亚热带野生动物保护地。园内栖息有300多种鸟类，如苍鹭、白鹭等，还有美洲鳄、海牛和佛罗里达黑豹都受到了良好的保护。

风光无限

美国在这里开辟的爱佛格勒公园，是美国第三大国家公园。这里无数条浅浅的河流，纵横交错，把整个地区划分成1万多个小岛，游客们可以荡起双桨，在小岛间穿梭前进，尽情地领略大沼泽地的美丽风光。

127

野性的泽国
yě xìng de zé guó

潘特纳尔湿地
pān tè nà ěr shī dì

潘特纳尔湿地是世界上最大的湿地，它位于南美洲巴西马托格罗索州及南马托格罗索州，总面积达242 000平方千米，湿地部分在玻利维亚及巴拉圭，境内地势平坦而轻微倾斜。

⬆ 潘特纳尔湿地

无边的沼泽
wú biān de zhǎo zé

潘特纳尔湿地地区是一片广阔的河流泛滥平原，沿巴拉圭河东岸延伸达160千米，每年当巴拉圭河河水泛滥时，超过80%的面积会被水淹没，变成一大片无边无际的沼泽。

⬆ 就像尼罗河每年的泛滥一样，洪水泛滥后出现肥沃的土地，不但滋养了当地的生产者，也滋养了当地的物种。

洪水期
hóng shuǐ qī

在每年的11月到第二年的3月期间，潘特纳尔地区要接纳200~300毫米的降水量。洪水期始于12月，来年6月水位达到最高点，生活在这个地区的许多动物会迁移到较干燥的地方。

⤊ 潘特纳尔王莲

野性的泽国
yě xìng de zé guó

潘特纳尔是全球最丰富的水生植物集中地。这个生态系统内住着已知的有3 500种植物、超过650种雀鸟、超过400种鱼类。同时，潘特纳尔湿地也是蓝紫金刚鹦鹉的家园。

⤊ 蓝紫金刚鹦鹉

动物的乐园
dòng wù de lè yuán

潘特纳尔栖息着许多濒危物种，包括美洲豹、鬃狼、大水獭、巨犰狳、水豚及巴西貘等。尤其是美洲豹非常奇特，它身上的花纹比较像豹，但整个身体的形状又更接近于虎。

⤊ 巴西貘

➔ 美洲豹

世界上最深、最古老的淡水湖

贝加尔湖

位于俄罗斯西伯利亚南部的贝加尔湖，不仅是世界上最深的湖，也是容量最大的淡水湖，被称为"西伯利亚的蓝眼睛"。1996年被联合国教科文组织列入《世界文化遗产名录》。

⬆ 贝加尔湖的名字意思是"自然之湖"

长　度	636千米
宽　度	27~79.4千米
最大深度	1 680米
面　积	5.57万平方千米
库容量	2.36万立方千米
地理位置	俄罗斯西伯利亚的南部

月亮湖

贝加尔湖狭长弯曲，宛如一弯新月，所以又有"月亮湖"之称。它长636千米，平均宽48千米，最宽79.4千米，面积5.57万平方千米，平均深度744米，最深点1 680米，湖面海拔456米。

巨大的淡水资源

贝加尔湖两侧被1 000~2 000米的悬崖峭壁包围着，其总蓄水量23 600立方千米，相当于北美洲五大湖蓄水量的总和，约占地表不冻淡水资源总量的1/5，据说，这里的淡水够人类喝100年。

河流汇集

总共有336条河流注入贝加尔湖，主要水源是色楞格河，但只有一条河——安加拉河从湖泊流出。在冬季，湖水冻结至1米以上的深度，历时4～5个月。但是湖内深处的温度一直保持不变，约3.5℃。

⬆ 贝加尔湖的水温稳定

⬆ 湖水澄净透明

透明的湖水

贝加尔湖湖水的最大透明度达到40.22米，因略低于日本的摩周湖（41.6米）而位居第二。这是因为它的平均深度为730米，也正是因此，当湖面出现4米以上的风浪时，距湖面10米以下的水体却是一片宁静。

神圣的西伯利亚湖

贝加尔湖拥有独一无二的生物种群。植物600种，水生动物1 200种，320多种鸟。如全身透明的凹目白鲑、银灰色的贝加尔海豹，还有一种由母鱼直接产下仔鱼的湖鱼。

⬆ 贝加尔海豹是贝加尔湖唯一的哺乳动物

131

美洲豹的山崖

的的喀喀湖

的的喀喀湖意为"美洲狮岩"，位于玻利维亚和秘鲁两国交界的科亚奥高原上，是南美洲地势最高、面积最大的淡水湖，也是世界最高的大淡水湖之一，还是世界上大船可通航的海拔最高的湖泊，被称为"高原明珠"。

⬆ 的的喀喀湖湖光山色

⬆ 美丽的的的喀喀湖

最高的淡水湖

的的喀喀湖的海拔高3 821米，面积约为8 300平方千米，平均水深140~180米，平均水温13℃，有25条河流流入的的喀喀湖，只有一条德萨瓜德罗河从湖中流到另一内陆咸水湖波波湖，只带走入湖水量的5%。

特殊的位置

湖的四周被雪峰环抱，湖水不断得到高山冰雪融水的补充，故而湖水不咸；又因为湖泊地处安第斯山的屏蔽之中，高大的安第斯山脉阻挡了冷气流的侵袭，湖泊面积大，水量大，又处于低纬度地区，故而终年不冻。

⬆ 雪山环抱的的的喀喀湖

⬆ 太阳岛上印加时代的遗迹

岛屿众多

湖中有51个岛屿，著名的有太阳岛和月亮岛。大部分有人居住，最大的岛屿的的喀喀岛有印加时代的神庙遗址，在印加时代被视为圣地，至今仍保存有昔日的寺庙、宫殿残迹。

旅游胜地

的的喀喀湖区域是印第安人培植马铃薯的原产地，印第安人一向把它奉为"圣湖"。周围群山环绕，峰顶常年积雪，湖光山色，风景十分秀丽，是旅游的好地方。

海 拔	3 821米
面 积	8 300平方千米
平均水深	140~180米
平均水温	13℃
地理位置	玻利维亚和秘鲁两国交界

沥青湖

彼奇湖

在加勒比海上多巴哥的特立尼达岛，有一个黝黑发亮的湖泊叫彼奇湖，它被高原丛林环抱，湖里没有水，只有满满的沥青，就像一个镶嵌在高原上的巨大的黑色漆器盆，它也因此被称为"沥青湖"，而湖中央源源不断地涌出沥青的地方，被人们誉为"沥青湖的母亲"。

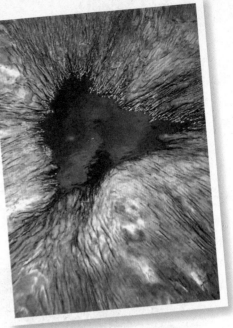

⬆ 彼奇湖的卫星图片

面　积	0.36平方千米
深　度	至少100米

神奇之处

彼奇湖是目前世界上最大的天然沥青湖。自1860年以来，人们已不停地开采了100多年，被运走的沥青多达9 000万吨，而湖面并未因此下降。真是"取之不尽，用之不竭"。据科学家推测，如果按每天开采100吨计算，再开采200年也开采不完。

⬆ 沥青湖泊的形成是由于地壳运动，岩层破裂地下石油和天然气溢出，并通过裂缝，涌进死火山口，满溢成湖。最后，油气挥发，残渣成为沥青。

⬆ 彼奇湖湖面平坦如砥

石油湖
shí yóu hú

马拉开波湖
mǎ lā kāi bō hú

马拉开波湖是南美洲最大的湖泊，位于委内瑞拉的西北部，是南美洲最大的湖泊，也是唯一与海相通的湖。由于石油储藏丰富，也有"石油湖"之称。

⬆ 马拉开波湖的卫星图片。它是安第斯山北段一断层陷落的构造湖。

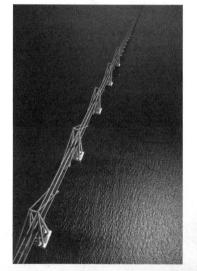

⬆ 从空中俯瞰马拉开波湖跨海大桥非常的壮观。

◀◀◀ 世界上最富足的湖

马拉开波湖是世界上产量最高、开采最悠久的"石油湖"。由于储量大，原油源源不断地从湖畔的裂缝中溢出，浮在水面上。从湖的一岸眺望湖面，只见井架林立、油管密布、油塔成群，景色十分壮观。湖上大桥是南美洲跨度最大的桥梁之一。

总面积	1.43万平方千米
总水量	13.7亿立方千米
长（南北）	190千米
宽（东西）	115千米
容积	2.8亿立方米
盐度	15～38克/升

gāo rè de sū dá hú
高热的苏打湖

nà tè lóng hú
纳特龙湖

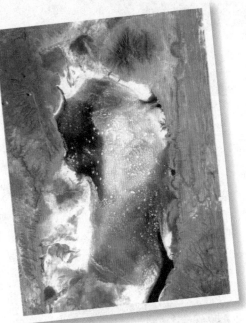

dōng fēi dì qū yǒu jǐ gè sū dá hú nà tè
东非地区有几个苏打湖，纳特
lóng hú shì zuì shēn zuì rè hán yǒu sū dá zuì duō de
龙湖是最深最热、含有苏打最多的
hú hú pō de dà bù fen gān hé le yóu jǐ céng
湖。湖泊的大部分干涸了，由几层
tàn suān nà sū dá zǔ chéng fù gài zài chòu hēi
碳酸钠（苏打）组成，覆盖在臭黑
yū ní de shàng bù hú shuǐ de wēn dù kě yǐ xiàng xǐ
淤泥的上部。湖水的温度可以像洗
zǎo shuǐ yí yàng rè sū dá céng biǎo miàn hé hú biān zhōu
澡水一样热，苏打层表面和湖边周
wéi hóng hè fū luǎn de ní jiāng néng dá dào
围红鹤孵卵的泥浆能达到65℃。

↑ 纳特龙湖的卫星图片

↑ 纳特龙湖的表面

sū dá de lái yuán
苏打的来源

hú pō de biǎo miàn kě chéng bái sè fěn hóng
湖泊的表面可呈白色、粉红
sè huò dòu lǜ sè qiǎn shuǐ qū wǎng wǎng shì jiǔ hóng
色或豆绿色，浅水区往往是酒红
sè huò kā fēi sè sū dá shì cóng tǔ rǎng hé fù jìn
色或咖啡色。苏打是从土壤和附近
de huǒ shān chōng shuā rù hú de xiàng shàng mào zhe qì
的火山冲刷入湖的，向上冒着气
pào de quán shuǐ wéi chí zhe hú pō de shuǐ gōng yìng
泡的泉水维持着湖泊的水供应。

hóng hè de jiā
红鹤的家

dōng fēi de nà tè lóng hú shì dà yuē wàn zhī xiǎo hóng hè hé wàn zhī dà hóng hè de cháo jū
东非的纳特龙湖是大约300万只小红鹤和5万只大红鹤的巢居
dì yīn wèi zài gāo rè de hú pō zhōng shēng huó zhe yì zhǒng jiào luó fēi de xiǎo yú zhè zhǒng yú zài liáng
地。因为在高热的湖泊中生活着一种叫罗非的小鱼，这种鱼在凉
shuǐ zhōng huì sǐ diào xiǎo yú zhèng hǎo chéng le hóng hè de jué duì měi wèi
水中会死掉，小鱼正好成了红鹤的绝对美味。

粉红色的梦
赫利尔湖

在西澳大利亚南部的勒谢代群岛中有一个奇特的湖泊，湖水是粉红色的。从空中俯瞰，粉红色的湖泊就像一块椭圆形蛋糕上的糖霜，这就是赫利尔湖。

⬆ 赫利尔湖

⬆ 掩映在浓密的树林之中的赫利尔湖看上去像一位巨人留在绿色厚地毯上带白边的脚印。

⬇ 赫利尔湖是咸水湖，湖水较浅，沿岸布满晶莹的白盐。

未解之谜

赫利尔湖宽约600米，由于含盐量非常高，所以湖面看起来总是闪闪发亮。但因为湖里并没有藻类，因此迄今为止还没有人能解释湖泊为何会呈现出奇异的色彩。

zuì dī zuì xián de hú
最低最咸的湖

sǐ hǎi
死 海

sǐ hǎi wèi yú yuē dàn hé bā lè sī tǎn jiāo jiè
死海位于约旦和巴勒斯坦交界，
cháng qiān mǐ kuān qiān mǐ miàn jī píng
长67千米，宽18千米，面积810平
fāng qiān mǐ hú miàn dī yú hǎi píng miàn mǐ bù
方千米，湖面低于海平面422米，不
jǐn shì shì jiè shang hǎi bá zuì dī de hú pō hú àn yě
仅是世界上海拔最低的湖泊，湖岸也
shì dì qiú shang yǐ lù chū lù dì de zuì dī diǎn yǒu
是地球上已露出陆地的最低点，有
shì jiè dù qí zhī chēng
"世界肚脐"之称。

死海的卫星图片

shuǐ wèi biàn huà
水位变化

sǐ hǎi xíng chéng zài dà liè gǔ dì qū xiàng shì yī
死海形成在大裂谷地区，像是一
gè jù dà de jí shuǐ pén dì yuē dàn hé měi nián dá
个巨大的集水盆地。约旦河每年达5.4
yì lì fāng mǐ shuǐ liàng cǐ wài hái yǒu tiáo hé liú yuán yuán
亿立方米水量，此外还有4条河流源源
bù duàn zhù rù yóu yú xià jì zhēng fā liàng dà dōng jì
不断注入，由于夏季蒸发量大，冬季
yòu yǒu shuǐ zhù rù suǒ yǐ sǐ hǎi shuǐ wèi jù yǒu jì jié
又有水注入，所以死海水位具有季节
xìng biàn huà cóng zhì lí mǐ bù děng
性变化，从30至60厘米不等。

长 度	67千米
宽 度	18千米
面 积	810平方千米
平均深度	300米
含盐量	300克/升
地理位置	约旦和巴勒斯坦交界

名字的由来

死海湖中及湖岸均富含盐分，在这样的水中，鱼儿和其他水生物都难以生存，水中只有细菌和绿藻，没有其他生物；岸边及周围地区也没有花草生长，故人们称之为"死海"。

⬆ 死海的海盐结晶

⬆ 死海泥浴

最深的咸水湖

死海也是世界上最深的咸水湖，最深处380米，最深处湖岸低于海平面800米，湖水盐度达300克/升，为一般海水的8.6倍。它的盐分高达30%，仅次于吉布提的阿萨勒湖的盐度，位居第二。

浮于水面

虽然大部分动植物在死海里无法生存，但对人类的照顾却是无微不至的，因为它会让不会游泳的人浮在水面上，而不用害怕被淹死，这是因为死海的水比重比人体的大。

时隐时现的湖
shí yǐn shí xiàn de hú

艾尔湖
ài ěr hú

位于澳大利亚中部的艾尔湖，是个很有趣的湖泊。它像幽灵一样，时而出现，时而消失，踪迹难觅。这是因为它是一个时令湖，水源主要是河水和雨水，因而它时隐时现。

⬆ 时隐时现的艾尔湖

发现者
fā xiàn zhě

艾尔湖位于澳大利亚中部的沙漠，是澳大利亚大陆最低的地方，湖面比海平面低15米。1840年欧洲人爱德华·约翰·艾尔最先看到此湖，该湖也因此得名。

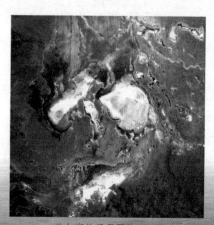

⬆ 艾尔湖的卫星图片

最大面积	9 500平方千米
平均深度	1.5米(每3年)
海 拔	−15米（最低）
地理位置	澳大利亚南澳大利亚中部偏东处

常年干涸

艾尔湖最不寻常的特点是湖中难得有水。因为这个地区的年降水量不足127毫米，年蒸发量达2 500毫米。在干旱季节，当河流从山地向西流时，一路上因蒸发和渗漏损失很大，往往在半路上就消失了。

⬆ 干涸的艾尔湖，河床裸露。

⬆ 雨季泛滥的艾尔湖

偶尔泛滥

在雨季时，河流由东北流进湖泊，附近地区的河水也会汇集于此形成泛滥。降雨量较大时，面积可达9 500平方千米，按其最大面积来算，它是大洋洲最大的湖泊。

时隐时现

现在湖水蒸发很快，湖的表面结着薄薄的一层盐壳。正常情况是干涸的，平均一个世纪内只有两次注满了水。但在小雨之后，局部地区有少量入水也屡见不鲜。湖中满水后，约经过两年又完全干涸。

最大的盐沼

乌尤尼盐沼

乌尤尼盐沼位于玻利维亚西南部的乌尤尼小镇附近，东西长约250千米，南北宽约100千米，面积达10 582平方千米，是世界最大的盐沼，边缘有盐场，盛产岩盐与石膏，主要盐场间有公路相通。

↑ 乌尤尼盐沼的卫星图片

长度	250千米
宽度	100千米
海拔	3 656米
面积	10 582平方千米
地理位置	玻利维亚波托西省西部高原内

盐沼印象

乌尤尼盐沼是由一些冰川融化时留下的盐湖组成。每年冬季，它被雨水注满，形成一个浅湖；而每年夏季，湖水则干涸，留下一层以盐为主的矿物质硬壳，中部达6米厚。人们可以驾车驶过湖面。

气候干燥

乌尤尼盐沼的雨量稀少，气候干燥，仅在每年12月至次年1月的雨季积水时，经由利佩斯河泄水。它是由古老的明钦湖干涸而成，与北面的科伊帕萨盐沼隔着一连串的小山相望。

⬆ 乌尤尼盐沼边稀疏的植物

⬆ 天空之镜

天空之镜

雨后的湖面像一面镜子，可以反射出最美丽的令人窒息的天空景色，人们称之为"天空之镜"。由于面积空旷，极其光滑，同时又极平整，地表反射率极高，使其成为一个理想的测试和校准地球遥感卫星之地。

粗盐的妙用

由于乌尤尼盐沼是天然的盐田，所以当地居民盛行采盐。他们常常砌出许多1米左右的小盐丘来曝晒干燥，或以斧头劈切出数10厘米到1米的立方体，甚至用盐作为屋舍建材使用。

⬆ 盐田

世界上最大的热带雨林

亚马孙雨林

亚马孙热带雨林位于南美洲的亚马孙盆地，占地700万平方千米，雨林横越了8个国家，占据了世界雨林面积的一半，森林面积的20%，是世界上现存面积最大及物种最多的热带雨林，被称为地球之肺。

⬆ 亚马孙雨林卫星图片

⬆ 亚马孙雨林的植物高大

亚马孙河

说到亚马孙雨林，亚马孙河功不可没，这个世界上流域最广、流量最大的河流，终年充沛的水量，滋润着数百万平方千米的广袤土地，孕育了世界最大的热带雨林。

长　度	6 440千米
宽　度	1.5~12千米
面　积	700万平方千米
地理位置	南美洲的亚马孙盆地

连绵的林带

亚马孙雨林由东面的大西洋沿岸延伸到低地与安第斯山脉山麓丘陵相接处，形成一条林带，雨林异常宽广，从320千米逐渐拓宽至1 900千米，而且连绵不断。

↑ 亚马逊林雨林的土著居民

↑ 亚马孙林雨林的特有物种——金须柽柳猴

世界动植物王国

亚马孙热带雨林蕴藏着世界最丰富、最多样的生物资源，昆虫、植物、鸟类及其他生物种类多达数百万种，其中许多科学上至今尚无记载。有"世界动植物王国"之称。

雨林危机

现在，由于亚马孙雨林蕴藏着丰富的木材资源，人们大肆砍伐树木，造成雨林的面积每年减少52 000平方千米。以这个速度计算，亚马孙雨林会于2050年前消失。

↑ 遭到砍伐的森林

最美的内陆三角洲

奥卡万戈三角洲

奥卡万戈三角洲位于博茨瓦纳北部，是一块草木茂盛的热带沼泽地，四周环绕着卡拉哈里沙漠草原，面积约15 000平方千米，不仅是世界上最大的内陆三角洲，也是非洲面积最大、风景最美的绿洲。

⬆ 奥卡万戈三角洲卫星图片

⬆ 奥卡万戈三角洲还生活着长颈鹿

三角洲的形成

奥卡万戈河发源于安哥拉高地，每年1~3月份，洪水在博茨瓦纳境内到处泛滥，注入卡拉哈里沙漠，就形成了沼泽三角洲，所以，奥卡万戈河成为博茨瓦纳的"生命之河"。

⬆ 奥卡万戈三角洲

流域面积	15 000平方千米
地理位置	位于博茨瓦纳北部

找不到海洋的河

奥卡万戈河的河水在进入沙漠后四处流散，在两万多平方千米的土地上形成数以万计的水道和泻湖。加上水分大部分通过蒸发和蒸腾作用而流失，还没进入海洋已经不见踪迹，所以被称为"永远找不到海洋的河"。

⬆ 奥卡万戈三角洲的荒漠

⬆ 奥卡万戈三角洲的动物

动植物的天堂

三角洲靠近卡拉哈里沙漠的边缘地带，繁茂地生长着纸莎草和凤凰棕榈，而丰富的水域也为鱼鹰、翠鸟、河马、鳄鱼和虎鱼提供了一个理想的生态环境。

变化的面积

奥卡万戈河系每年携带着超过200万吨的泥沙灌入三角洲，它的面积在泄洪高峰期可扩展至两万多平方千米，在低潮期则萎缩为不到9 000平方千米。

世界最长的河流

尼罗河

尼罗河是一条流经非洲东部与北部的河流，与中非地区的刚果河以及西非地区的尼日尔河并列非洲最大的三个河流系统。它长度为6 670千米，是世界上最长的河流，被誉为"非洲主河流之父"。

⬆ 尼罗河上游卫星图

国际河流

尼罗河是一条国际性的河流，发源于非洲东北部布隆迪高原，流经布隆迪、卢旺达、坦桑尼亚、乌干达、南苏丹、苏丹和埃及等国，最后注入地中海，流域面积约335万平方千米，占非洲大陆面积的1/9。

长　度	6 670千米
流域面积	335万平方千米
地理位置	非洲东北部

组成部分

尼罗河由卡盖拉河、白尼罗河、青尼罗河三条河流汇流而成。发源于埃塞俄比亚高原的青尼罗河是尼罗河下游大多数水和营养的来源，但是白尼罗河则是三条支流中最长的。

⬆ 白尼罗河

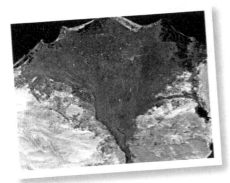
⬆ 尼罗河三角洲卫星图片

文明的摇篮

尼罗河最下游分成许多汊河流注入地中海，这些汊河流都流在三角洲平原上，三角洲面积约24 000平方千米，地势平坦，河渠交织，是古埃及文化的摇篮，也是现代埃及政治、经济和文化中心。

埃及的母亲

尼罗河被称为"埃及的母亲"，每年6～10月河水泛滥，会带来丰沛而肥沃的土壤。在这些肥沃的土壤上，人们栽培了棉花、小麦、水稻、椰枣等农作物，在干旱的沙漠地区形成了一条"绿色走廊"。

神秘之眼

撒哈拉之眼

在非洲撒哈拉沙漠西南部毛里塔尼亚境内，有一个直径达到48千米巨大同心圆地貌，从太空看去就像个菊石，是地球十大地质奇观之一，这就是撒哈拉之眼，又被称为"理查特结构"。

⬆ 撒哈拉之眼的同心圆状痕迹则是硬度较高、不易受侵蚀的古生代石英岩。

⬆ 撒哈拉之眼

▲▲ 待解的谜团

撒哈拉之眼从太空上看清晰可见。起初该地形被认为是由于陨石碰撞所形成的陨石坑，目前地质学家认为这可能是由于地质结构上升或侵蚀造成的，这种环形外形的形成仍是一个谜团。

燃烧的瀑布
火瀑布

其实火瀑布并非火山爆发的岩浆飞流直下。它是瀑布在特定角度的阳光照射下形成的罕见的视觉奇观。如美国的马尾瀑布形成的"火瀑布"奇景持续大约两分钟。

➡ "火瀑布"通常在黄昏前后出现，可持续大约两分钟。

阳光魔术师

当太阳慢慢西沉，地上投射的影子变长，阳光照射到瀑布上方的岩石上，如果有足够多的水，如果天空足够干净，等到日落时分，落山的太阳与瀑布形成一定角度，在阳光的照射下，瀑布就会发出红色光芒，美丽的火瀑布就会呈现在眼前。

图书在版编目（CIP）数据

百大自然奇观 / 梁瑞彬编著. — 长春：吉林科学
技术出版社，2013.3（2021.1 重印）
（新编少儿百科全书）
ISBN 978-7-5384-6519-8

Ⅰ.①百… Ⅱ.①梁… Ⅲ.①自然地理—世界—少儿
读物 Ⅳ.①P941-49

中国版本图书馆CIP数据核字(2013)第037697号

新编少儿百科全书
百大自然奇观

编　　著	梁瑞彬
编　　委	马万霞　闫谦君　胡小洋　何　莉　袁　伟　王　琨　张　静　相　峰　张　瑾
	移　然　张鹏亮　杨　军　唐美艳　祝燕英　王晓青　张　辉　华　锋　赵全胜
出版人	李　梁
策划责任编辑	万田继
执行责任编辑	朱　萌
封面设计	长春美印图文设计有限公司
制　　版	知源图书工作室
开　　本	710mm×1000mm　1/16
字　　数	100千字
印　　张	9.5
版　　次	2014年3月第1版
印　　次	2021年1月第7次印刷

出　　版	吉林科学技术出版社
发　　行	吉林科学技术出版社
邮　　编	130021
发行部电话/传真	0431-85635177　85651759　85651628
	0431-85677817　85600611　85670016
储运部电话	0431-84612872
编辑部电话	0431-86037583
网　　址	http://www.jlstp.com
印　　刷	北京一鑫印务有限责任公司

书　　号	ISBN 978-7-5384-6519-8
定　　价	29.80元